调色师

达芬奇
实战版

深入学习
视频和电影调色

孟蕾 编著

清华大学出版社
北京

内 容 简 介

本书通过 21 个经典案例，深入介绍了达芬奇的 30 大核心功能，随书赠送了 460 多个案例素材与效果、150 多分钟同步教学视频，帮助大家从入门到精通达芬奇软件、从新手成为视频调色高手。

21 个经典剪辑案例，类型多样，包括从人像到植物，从美食到夕阳，从旅行视频到延时视频，从调色卡点视频到电影等内容，应有尽有。30 大达芬奇核心功能，包括达芬奇软件的视频素材导入、调色、配乐、添加字幕、添加转场、渲染、添加滤镜、降噪、卡点、变速等知识点，讲解全面细致。

本书最后 4 章重点介绍了 4 种电影色调——青绿色调、粉色色调、冷暖对比色调和黄色色调的调色方法，帮助大家轻松掌握电影调色的秘籍。

本书既适合学习达芬奇软件的初学者，也适合想深入学习达芬奇视频与电影调色的读者，特别是想进行人像、植物、美食、夕阳等视频调色的读者，还可以作为各个院校的学习教材。

图书在版编目 (CIP) 数据

调色师：深入学习视频和电影调色：达芬奇实战版 / 孟蕾编著 . —北京：清华大学出版社，2024.5
ISBN 978-7-302-65938-9

Ⅰ．①调…　Ⅱ．①孟…　Ⅲ．①调色—图像处理软件　Ⅳ．① TP391.413

中国国家版本馆 CIP 数据核字 (2024) 第 066443 号

责任编辑：韩宜波
封面设计：徐　超
版式设计：方加青
责任校对：李玉茹
责任印制：沈　露

出版发行：清华大学出版社
　　　　　网　　　址：https://www.tup.com.cn，https://www.wqxuetang.com
　　　　　地　　　址：北京清华大学学研大厦 A 座　　　　　邮　　编：100084
　　　　　社 总 机：010-83470000　　　　　　　　　　　邮　　购：010-62786544
　　　　　投稿与读者服务：010-62776969，c-service@tup.tsinghua.edu.cn
　　　　　质 量 反 馈：010-62772015，zhiliang@tup.tsinghua.edu.cn
印 装 者：三河市君旺印务有限公司
经　　销：全国新华书店
开　　本：185mm×260mm　　　印　　张：15.25　　　字　　数：371 千字
版　　次：2024 年 5 月第 1 版　　　印　　次：2024 年 5 月第 1 次印刷
定　　价：88.00 元

产品编号：104125-01

前言
FOREWORD

策划起因

随着全民短视频热潮的来袭，越来越多的人不再满足于单纯的视频拍摄，开始认真学习短视频的后期编辑技巧，而调色就是其中非常重要的一环。

此外，随着数字化技术的发展和大众审美水平的提高，影视作品、广告、游戏、动画等视觉产品对调色质量的要求越来越高，拥有专业技术和丰富经验的调色师成为发展前景广阔的热门职业。

因此，学习并掌握视频与电影调色技术，不仅可以满足大家日常生活中对于调节视频画面色彩的需求，而且还能响应国家提倡的科技兴邦、实干兴邦的号召，将掌握的技能应用到实际工作中。

系列图书

为帮助大家全方位成长，笔者团队特别策划了"深入学习"系列图书，从短视频的运镜、剪辑、特效、调色，到视音频的编辑、平面广告设计、AI智能绘画，应有尽有。该系列图书如下：

- 《运镜师：深入学习脚本设计与分镜拍摄（短视频实战版）》
- 《剪辑师：深入学习视频剪辑与爆款制作（剪映实战版）》
- 《音效师：深入学习音频剪辑与配乐（Audition实战版）》
- 《特效师：深入学习影视剪辑与特效制作（Premiere实战版）》
- 《调色师：深入学习视频和电影调色（达芬奇实战版）》
- 《视频师：深入学习视音频编辑（EDIUS实战版）》
- 《设计师：深入学习图像处理与平面制作（Photoshop实战版）》
- 《绘画师：深入学习AIGC智能作画（Midjourney实战版）》

该系列图书最大的亮点，就是通过案例介绍操作技巧，让读者在实战中精通软件。目前市场上的同类书，大多侧重于软件知识点的介绍与操作，比较零碎，学完了也不一定能制作出完整的视频效果，而本书安排了小、中、大型案例，采用效果展示、任务驱动式写法，由浅入深，循序渐进，层层剖析。

本书思路

本书为系列图书中的《调色师：深入学习视频和电影调色（达芬奇实战版）》，具体的写作思路与特色如下。

❶ 21个主题，案例实战：主题涵盖了日系人像、复古人像、古风人像、婚纱人像、蓝天白云、蓝橙、金橙、赛博朋克、植物、水面、美食、夕阳、旅行视频、延时视频、季节变换、调色卡点、天空替换，以及青绿色调、粉色色调、冷暖对比色调和黄色色调的调色方法。

❷ 30大技能，核心讲解：通过以上案例，从零开始，循序渐进地讲解了达芬奇软件中项目文件的管理、时间线的设置、视频素材的剪辑与调色、转场和滤镜的添加等核心功能，帮助读者从入门到精通达芬奇软件。

❸ 460多个案例素材与效果提供：为方便大家学习，提供了书中案例的素材文件和效果文件。

❹ 150多分钟的同步教学视频赠送：为了高效、轻松地学习，书中案例全部录制了同步高清教学视频，手机扫描章节中的二维码可以直接观看。

本书提供了案例的素材文件、效果文件及视频文件，扫一扫下面的二维码，推送到自己的邮箱后下载获取。

温馨提示

在编写本书时，是基于软件的实际操作截取的图片，但书从编辑到出版需要一段时间，在这段时间里，软件的界面与功能会有所调整或变化，如有的内容删除了，有的内容增加了，这是软件开发商做的更新，很正常，请在阅读时，根据书中的思路举一反三，进行学习即可，不必拘泥于细微的变化。

本书使用的达芬奇软件版本为DaVinci Resolve Studio 18.5，请用户一定要使用同版本软件。

如果用户直接打开附送资源中的项目文件，预览窗口中会显示"离线媒体"的提示文字，这是因为用户安装的达芬奇软件及素材文件与效果文件的路径不一致，发生了改变，属于正常现象，用户只需要重新链接"素材"文件夹中的相应文件，即可成功打开。用户也可以将附送资源复制到计算机磁盘中，需要某个VSP文件时，第一次链接成功后，将项目文件进行保存或导出，后面打开就不需要再重新链接了。

本书由淄博职业学院的孟蕾老师编著。在此感谢李玲、徐必文、罗健飞、苏苏、巧慧、向小红、刘娉颖、刘慧等人在本书编写时提供的素材和帮助。

由于作者知识水平有限，书中难免有疏漏之处，恳请广大读者批评、指正。

编　者

目录
CONTENTS

增加饱和度

01

COLORIST

第1章 | 日系人像调色：
制作《清爽一夏》

人像视频调色最主要的环节就是优化视频中的人像，处理好人像细节，提高视频的质感。日系色调适合大多数人像视频，清新淡雅的色调能让画面变得清透，还能突出人像主体的清纯靓丽感。而且大部分的日系色调都是偏冷色，非常适合用在清纯人像视频中。

1.1 《清爽一夏》效果展示

日系色调的画面以偏青色和偏蓝色为主，整体明度比较高，给人一种通透、清爽的感觉，非常适合用在清纯人像视频中。

在制作《清爽一夏》视频之前，首先来欣赏本案例的视频效果，并了解案例的学习目标、制作思路、知识讲解和要点讲堂。

1.1.1 效果欣赏

《清爽一夏》日系人像调色视频的前后效果对比如图 1-1 所示。

图 1-1　前后效果对比

1.1.2 学习目标

知识目标	掌握日系人像调色视频的制作方法
技能目标	（1）掌握导入素材的操作方法 （2）掌握对素材进行调色处理的操作方法 （3）掌握为素材添加音乐和字幕的操作方法 （4）掌握为素材添加转场的操作方法 （5）掌握渲染视频成品的操作方法
本章重点	对素材进行调色
本章难点	为素材添加音乐和字幕
视频时长	9分32秒

1.1.3 制作思路

本案例首先介绍导入素材，并对素材进行调色，然后为其添加音乐、字幕和转场，最后渲染视频成品。图 1-2 所示为本案例视频的制作思路。

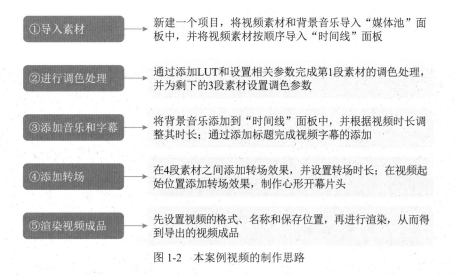

图 1-2　本案例视频的制作思路

1.1.4 知识讲解

《清爽一夏》这一案例主要讲解为人像视频调出日系色调的技巧，让画面整体更加清透，人物的肤色变得白皙、细腻，从而增加视频的美观度。

1.1.5 要点讲堂

在本章内容中，会用到达芬奇的一个功能——LUT，该功能的主要作用是调整素材的色相、明度、饱和度等参数，从而完成画面的整体调色处理。

专家指点

LUT是Look Up Table的简称，我们可以将其理解为查找表或查色表，在DaVinci Resolve Studio 18.5中，LUT相当于胶片滤镜库。

为视频添加 LUT 有两种方法：一是展开 LUT 面板，选择需要的 LUT，将其拖曳至预览窗口的图像画面上，即可完成添加操作；二是在调色节点上单击鼠标右键，在弹出的快捷菜单中选择相应的 LUT 即可。

1.2 《清爽一夏》制作流程

本节介绍日系人像调色视频的制作方法，包括导入素材、进行调色处理、添加音乐和字幕、添加转场及渲染视频成品等内容。希望大家熟练掌握本节内容，自己也可以制作出小清新风格的日系人像视频。

1.2.1 导入素材

想对素材进行编辑，首先要创建一个项目，并完成素材的导入。下面介绍在达芬奇中导入素材的操作方法。

扫码看视频

STEP 01 ▶▶▶ 启动达芬奇软件，进入项目管理器面板，在"本地"选项卡中单击"新建项目"按钮，如图 1-3 所示。

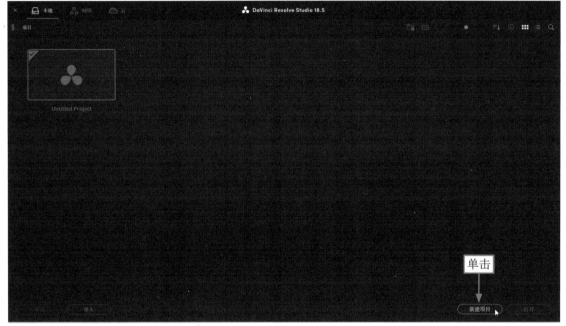

图1-3 单击"新建项目"按钮

STEP 02 ▶▶▶ 执行操作后，弹出"新建项目"对话框，单击"创建"按钮，如图 1-4 所示。

STEP 03 ▶▶▶ 执行操作后，进入达芬奇的工作界面，选择"文件"|"导入"|"媒体"命令，如图 1-5 所示。

STEP 04 ▶▶▶ 在弹出的"导入媒体"对话框中，❶选择所有视频素材和背景音乐文件；❷单击"打开"按钮，如图 1-6 所示。

STEP 05 ▶▶▶ 执行操作后，即可将视频素材和背景音乐导入"媒体池"面板中，如图 1-7 所示。

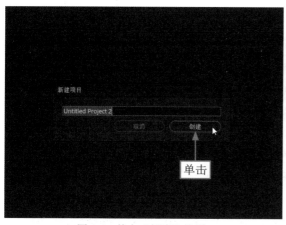

图 1-4 单击"创建"按钮

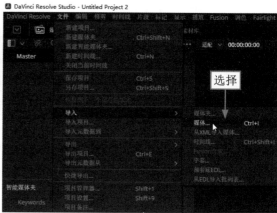

图 1-5 选择"媒体"命令

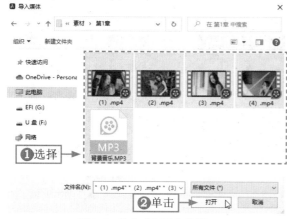

图 1-6 单击"打开"按钮

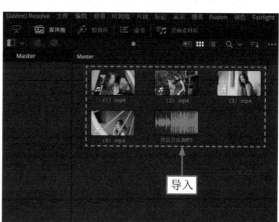

图 1-7 将素材导入"媒体池"面板中

专家指点

在"剪辑"步骤面板中，可以按Ctrl＋I组合键，调出"导入媒体"对话框，将素材导入；还可以直接将素材从文件夹中拖曳至"媒体池"面板中，完成导入。

STEP 06 ▶▶ 全选所有视频素材，将它们拖曳至"时间线"面板的"视频 1"轨道中，如图 1-8 所示，即可完成素材的导入。

图 1-8 将素材拖曳至相应轨道中

1.2.2　进行调色处理

扫码看视频

达芬奇的"调色"步骤面板提供了 Camera Raw、色彩匹配、色轮、RGB 混合器、运动特效、曲线、色彩扭曲器、限定器、窗口、跟踪器、神奇遮罩、模糊、键、调整大小以及立体等功能面板，用户可以在相应面板中对素材进行色彩调整、一级调色、二级调色和降噪等操作，最大限度地满足了用户对素材的调色需求。下面介绍在达芬奇中对素材进行调色的操作方法。

STEP 01 ▶▶ 在工作界面的底部单击"调色"按钮，如图 1-9 所示，切换至"调色"步骤面板。

STEP 02 ▶▶ 选择第 1 段素材，在"LUT 库"面板的 Blackmagic Design 选项卡中选择相应的 LUT 滤镜，如图 1-10 所示，即可预览滤镜效果。

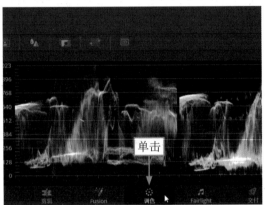

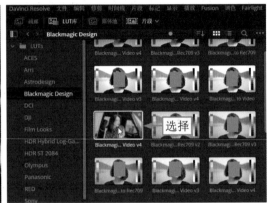

图 1-9　单击"调色"按钮　　　　　　　　图 1-10　选择相应的 LUT 滤镜

STEP 03 ▶▶ 按住鼠标左键将选择的 LUT 滤镜拖曳至预览窗口的图像画面上，释放鼠标左键，即可为第 1 段素材添加 LUT 滤镜，增加画面的明度，效果如图 1-11 所示。

图 1-11　为第 1 段素材添加 LUT 滤镜的效果

STEP 04 ▶▶ 在"色轮"|"一级 - 校色轮"面板中，设置"色温"参数为 -1220.0、"色调"参数为 -21.00，如图 1-12 所示，使画面的色调偏冷、偏青色。

STEP 05 ▶▶ 使用与上面同样的方法，设置"对比度"参数为 0.900、"阴影"参数为 30.00，如图 1-13 所示，提亮画面中的暗部，减弱画面整体的明暗对比度，使画面的光线变得更柔和。

图1-12 设置"色温"和"色调"参数

图1-13 设置"对比度"和"阴影"参数

STEP 06 ▶▶ 在"一级 - 校色轮"面板中，设置"偏移"色轮下的参数分别为29.00、23.00和32.00，如图1-14所示，增加画面中的蓝色，即可完成对第1段素材的调色处理。

图1-14 设置相应参数

STEP 07 ▶▶ 在"片段"面板中选择第2段视频素材，在第1段素材上单击鼠标右键，在弹出的快捷菜单中选择"应用调色"命令，如图1-15所示。

STEP 08 ▶▶ 执行操作后，即可将第1段素材中的LUT滤镜和调色参数都应用到第2段素材上，完成对第2段素材的调色处理，效果如图1-16所示。使用同样的方法，完成对第3段和第4段素材的调色处理。

图 1-15　选择"应用调色"命令　　　　　　图 1-16　对第 2 段素材的调色处理效果

1.2.3　添加音乐和字幕

音乐和字幕可以丰富视频内容，让视频更具吸引力。下面介绍在达芬奇中添加音乐和字幕的操作方法。

扫码看视频

STEP 01 ▶▶▶ 在工作界面的底部单击"剪辑"按钮，切换至"剪辑"步骤面板，将背景音乐拖曳至"时间线"面板的"音频 2"轨道中，即可为视频添加背景音乐，如图 1-17 所示。

STEP 02 ▶▶▶ 选择第 1 段素材，移动鼠标指针至素材的结束位置，当鼠标指针呈修剪形状时，按住鼠标左键并向左拖曳，至合适位置释放鼠标左键，即可调整第 1 段素材的时长，如图 1-18 所示。

图 1-17　为视频添加背景音乐　　　　　　　图 1-18　调整素材时长

STEP 03 ▶▶▶ 使用与上面同样的方法，调整剩余素材的时长和位置，如图 1-19 所示。

STEP 04 ▶▶▶ 在"时间线"面板中，❶单击"刀片编辑模式"按钮，此时鼠标指针变成了刀片工具图标；❷在视频结束位置的背景音乐上单击鼠标左键，如图 1-20 所示，即可在该位置对背景音乐进行分割。

图 1-19　调整剩下素材的时长和位置　　　　图 1-20　单击鼠标左键

STEP 05 ▷▷▷ ❶单击"选择模式"按钮▮；❷选择分割出的后半段背景音乐，如图 1-21 所示，按 Delete 键将其删除即可。

STEP 06 ▷▷▷ ❶单击"特效库"按钮，展开"特效库"面板；❷在"工具箱"|"标题"选项卡中选择合适的标题样式，如图 1-22 所示。

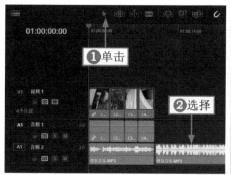

图 1-21　选择分割出的后半段背景音乐　　　　图 1-22　选择合适的标题样式

STEP 07 ▷▷▷ 将选择的标题样式拖曳至"时间线"面板中，调整字幕的时长，如图 1-23 所示。

STEP 08 ▷▷▷ 选择字幕，在"检查器"面板的"视频"|"标题"选项卡中修改字幕内容，如图 1-24 所示。

图 1-23　调整字幕的时长　　　　　　　　图 1-24　修改字幕内容

STEP 09 ▷▷▷ 设置 Main Text Color（正文颜色）选项的"红色"参数为 0.0、"绿色"参数为 0.55，如图 1-25 所示，将字幕的颜色设置为蓝色。

STEP 10 ▷▷▷ ❶切换至"视频"|"设置"选项卡；❷设置"位置"选项的 Y 参数为 -424.000，如图 1-26 所示，调整字幕的位置。

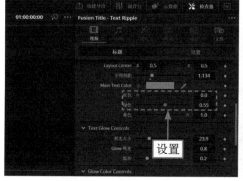
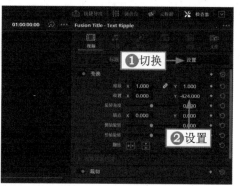

图 1-25　设置相应参数　　　　　　　　图 1-26　设置"位置"参数

STEP 11 ➤➤➤ ❶在"合成"选项区中设置"不透明度"参数为0.00；❷单击"不透明度"选项右侧的关键帧按钮❖，如图1-27所示，在字幕的起始位置添加第1个关键帧。

STEP 12 ➤➤➤ 拖曳时间滑块至2s的位置，设置"不透明度"参数为100.00，如图1-28所示，"不透明度"选项右侧的关键帧按钮会自动点亮，添加第2个关键帧，制作出字幕淡入的效果。

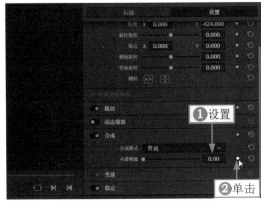

图1-27　单击关键帧按钮　　　　　　　　图1-28　设置"不透明度"参数

1.2.4　添加转场

当视频由多个素材组成时，可以在素材之间添加转场，让素材的切换更加流畅。另外，可以运用转场制作出片头，让视频更美观。下面介绍在达芬奇中添加转场的操作方法。

扫码看视频

STEP 01 ➤➤➤ 在"特效库"面板中，❶切换至"工具箱"|"视频转场"选项卡；❷在"叠化"选项区中选择"交叉叠化"转场，如图1-29所示，即可预览转场效果。

STEP 02 ➤➤➤ 将"交叉叠化"转场拖曳至"时间线"面板的第2段素材上，即可添加相应的转场，如图1-30所示。用同样的方法，在合适位置再添加两个"交叉叠化"转场。

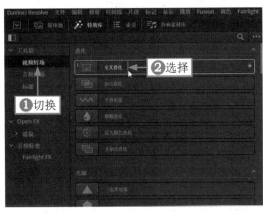

图1-29　选择"交叉叠化"转场　　　　　　图1-30　添加"交叉叠化"转场

STEP 03 ➤➤➤ 同时选择3个转场，在"检查器"面板的"转场"选项卡中，设置转场的"时长"参数为0.5秒，如图1-31所示，缩短转场的持续时长。

STEP 04 ➤➤➤ 在"视频转场"选项卡的"形状"选项区中，选择"心形"转场，并将其拖曳至"时间线"面板第1段素材的起始位置，如图1-32所示，即可制作出心形开幕片头。

图 1-31 设置"时长"参数   图 1-32 将"心形"转场拖曳至相应位置

1.2.5 渲染视频成品

扫码看视频

完成视频的制作后，就可以将视频进行渲染，得到成品。在渲染视频时，可以对视频的名称、保存位置和格式进行设置，以方便后续查找和播放视频。下面介绍在达芬奇中渲染视频成品的操作方法。

STEP 01 在工作界面的底部单击"交付"按钮，如图 1-33 所示，进入"交付"步骤面板。

STEP 02 在"渲染设置"面板中，❶修改视频的名称；❷单击"位置"选项右侧的"浏览"按钮，如图 1-34 所示。

图 1-33 单击"交付"按钮   图 1-34 单击"浏览"按钮

STEP 03 在弹出的"文件目标"对话框中，❶设置文件的保存位置；❷单击"保存"按钮，如图 1-35 所示。

STEP 04 在"导出视频"选项区中，❶单击"格式"选项右侧的下拉按钮；❷在弹出的下拉列表中选择 MP4 选项，如图 1-36 所示，将视频的格式设置为 MP4。

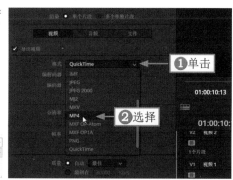

图 1-35 单击"保存"按钮   图 1-36 选择 MP4 选项

STEP 05 ▶▶▶ 单击"渲染设置"面板右下角的"添加到渲染队列"按钮，如图 1-37 所示，即可将作业添加到"渲染队列"面板中。

STEP 06 ▶▶▶ 在"渲染队列"面板中单击"渲染所有"按钮，如图 1-38 所示，即可导出视频。

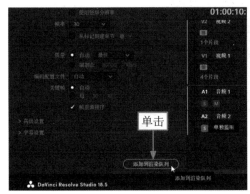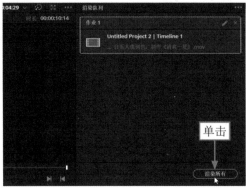

图 1-37　单击"添加到渲染队列"按钮　　　　　图 1-38　单击"渲染所有"按钮

02

COLORIST

第2章 | 复古人像调色：
制作《港风回忆》

　　复古色调是一种比较怀旧的色调风格，泛黄的图像画面可以
呈现胶片的效果。将人像视频调成复古色调，可以为视频添加氛围
感和故事感，营造出一种港风电影的感觉。本章以《港风回忆》为
例，介绍制作复古人像调色视频的方法。

2.1 《港风回忆》效果展示

复古色调的画面以青黄色为主，整体亮度偏低，颗粒感明显，给人一种怀旧的感觉，能最大限度地突出人物的情绪和魅力。

在制作《港风回忆》视频之前，首先来欣赏本案例的视频效果，并了解案例的学习目标、制作思路、知识讲解和要点讲堂。

2.1.1 效果欣赏

《港风回忆》复古人像调色视频的前后效果对比如图 2-1 所示。

图 2-1 前后效果对比

2.1.2 学习目标

知识目标	掌握复古人像调色视频的制作方法
技能目标	（1）掌握新建时间线的操作方法 （2）掌握调整画面色调的操作方法 （3）掌握添加纹理滤镜的操作方法 （4）掌握设置暗角效果的操作方法 （5）掌握调整人物皮肤的操作方法
本章重点	调整画面色调
本章难点	调整人物皮肤
视频时长	11分27秒

2.1.3 制作思路

　　本案例首先介绍如何新建时间线，并调整画面色调，然后为其添加纹理滤镜和设置暗角效果，最后调整人物皮肤。图 2-2 所示为本案例视频的制作思路。

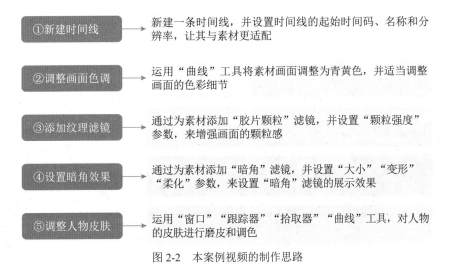

图 2-2　本案例视频的制作思路

2.1.4 知识讲解

　　《港风回忆》这一案例主要讲解为人像视频调出复古色调的技巧，使画面整体呈现出青黄色，从而增强视频的怀旧感。

2.1.5 要点讲堂

　　在本章内容中，会用到达芬奇的一个功能——节点。达芬奇中的节点有4种，分别是串行节点、并行节点、图层节点和外部节点。用户可以将节点理解成处理图像画面的"层"，一层一层画面叠加组合可以形成特殊的图像效果。每一个节点都可以独立进行调色校正处理，用户可以通过更改节点连接方式，调整节点调色顺序或组合方式。

　　为视频添加节点有两种方法：一是在节点上单击鼠标右键，在弹出的快捷菜单中选择要添加的节点类型，即可在该节点的后面添加一个新的节点；二是选择一个节点，按对应的组合键来添加节点，例如，按 Alt＋S 组合键可以添加一个串行节点，按 Alt＋P 组合键可以添加一个并行节点，按 Alt＋L 组合键可以添加一个图层节点，按 Alt＋O 组合键可以添加一个外部节点。

2.2 《港风回忆》制作流程

本节介绍复古人像调色视频的制作方法，包括新建时间线、调整画面色调、添加纹理滤镜、设置暗角效果和调整人物皮肤等内容。希望大家熟练掌握本节内容，自己也可以制作出怀旧风格的复古人像视频。

2.2.1 新建时间线

在达芬奇中，用户新建一个项目后，如果直接导入素材，就会自动创建一条达芬奇默认的时间线。其中，默认时间线的分辨率为1080×1920 HD（High Definition，高清晰度），即视频尺寸为 16∶9。如果素材是竖屏的，就会与默认时间线不符，因此用户可以先新建一条适合的时间线，再导入相应的素材。下面介绍在达芬奇中新建时间线的操作方法。

扫码看视频

STEP 01 ▶▶ 新建一个项目文件，选择"文件"|"新建时间线"命令，如图 2-3 所示。

STEP 02 ▶▶ 执行操作后，弹出"新建时间线"对话框，如图 2-4 所示。

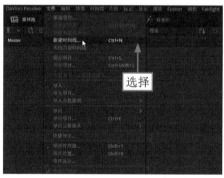
图 2-3　选择"新建时间线"命令

图 2-4　"新建时间线"对话框

STEP 03 ▶▶ ❶取消选中"使用项目设置"复选框，即可进入设置界面，对时间线的各项参数进行设置；❷在"常规"选项卡中设置"起始时间码"为00:00:00:00、"时间线名称"为"第2章"，如图2-5所示。

STEP 04 ▶▶ ❶切换至"格式"选项卡；❷选中"使用竖屏分辨率"复选框，如图 2-6 所示，即可将时间线的分辨率更改为竖屏尺寸。

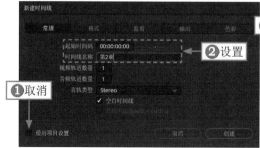
图 2-5　设置相应参数

图 2-6　选中"使用竖屏分辨率"复选框

STEP 05 ▶▶▶ 单击"创建"按钮，即可创建一条时间线，在"媒体池"面板中会显示创建的时间线序列图，如图2-7所示。

STEP 06 ▶▶▶ 将3段视频素材导入"媒体池"面板中，并将它们拖曳至"时间线"面板的"视频1"轨道中，如图2-8所示。

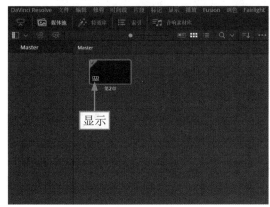

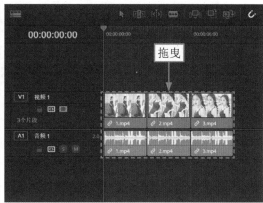

图 2-7　显示时间线序列图　　　　　　　　图 2-8　将素材拖曳至相应轨道中

2.2.2　调整画面色调

达芬奇的"曲线"工具有7种调色操作模式，其中，"曲线-自定义"模式可以在图像色调的基础上进行调节，另外6种曲线调色模式主要通过"曲线-色相 对 色相""曲线-色相 对 饱和度""曲线-饱和度 对 饱和度"以及亮度的3种元素来进行调节。用户可以使用"曲线"工具将画面的整体色调调成青黄色，从而增强画面的复古感。下面介绍在达芬奇中调整画面色调的操作方法。

STEP 01 ▶▶▶ 切换至"调色"步骤面板，❶单击"曲线"按钮 ，展开"曲线-自定义"面板；❷在曲线参数控制器中单击"亮度"按钮 ，进入亮度曲线调节通道，❸将亮度曲线两端的控制点拖曳至相应位置，如图2-9所示，减少画面的曝光，去除画面的灰色。

图 2-9　拖曳控制点（1）

STEP 02 ❶单击"红"按钮▇，进入红色曲线调节通道；❷在红色曲线的适当位置，按住 Shift 键的同时单击鼠标左键，即可添加一个控制点，如图 2-10 所示。用同样的方法，再添加两个控制点。

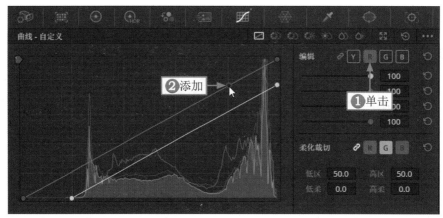

图 2-10　添加一个控制点

STEP 03 ❯❯❯向下拖曳添加的第 2 个控制点，如图 2-11 所示，即可使画面的高光部分稍微变暗，并增加画面中的青色。

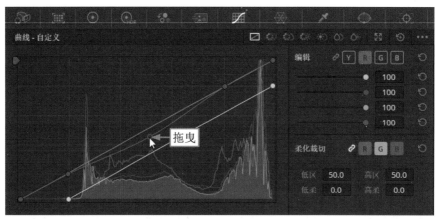

图 2-11　拖曳控制点（2）

STEP 04 ❶单击"蓝"按钮▇，进入蓝色曲线调节通道；❷在蓝色曲线的适当位置添加一个控制点并将其拖曳至合适位置，如图 2-12 所示，即可增加画面中的黄色。

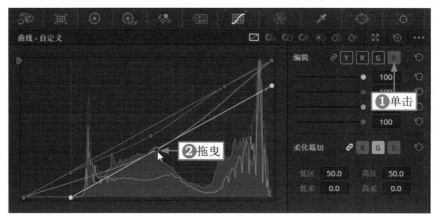

图 2-12　拖曳控制点（3）

专家指点 在"曲线"面板中，添加控制点的同时按住Shift键，可以防止添加控制点时移动位置。

STEP 05 ❶单击"饱和度 对 饱和度"按钮◙，进入"曲线 - 饱和度 对 饱和度"面板；❷按住 Shift 键的同时在曲线的适当位置添加两个控制点，如图 2-13 所示。

图 2-13　添加两个控制点

STEP 06 拖曳低饱和区中添加的控制点，如图 2-14 所示，直至面板下方的"输入饱和度"参数显示为 0.08、"输出饱和度"参数显示为 1.87，即可提高画面整体的饱和度。

图 2-14　拖曳控制点（4）

专家指点 在"曲线-饱和度 对 饱和度"面板的水平曲线的中间位置添加一个控制点，可以以此为分界点，左边为低饱和区，右边为高饱和区，从而方便用户在调节低饱和区时，不会影响高饱和区的曲线；反之亦然。

STEP 07 在预览窗口中可以查看调整画面色调后的效果，如图 2-15 所示。

图 2-15　查看调色效果

2.2.3　添加纹理滤镜

在"调色"步骤面板中，达芬奇提供了 13 种不同风格和功能的滤镜，可以帮助用户制作出想要的画面效果。下面介绍在达芬奇中添加纹理滤镜的操作方法。

STEP 01 ▶▶▶ 在"节点"面板的 01 节点上单击鼠标右键，在弹出的快捷菜单中选择"添加节点"|"添加串行节点"命令，如图 2-16 所示。

扫码看视频

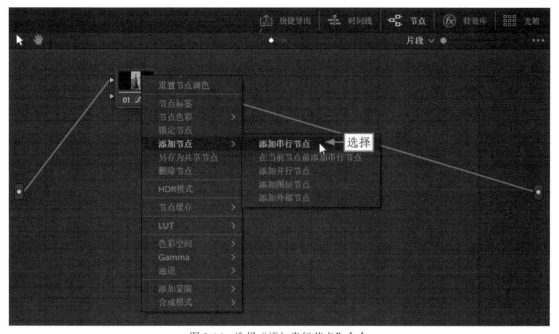

图 2-16　选择"添加串行节点"命令

STEP 02 >>> 执行操作后，即可在 01 节点的后面添加一个 02 节点，如图 2-17 所示。

STEP 03 >>> ❶在工作界面的右上方单击"特效库"按钮，展开"特效库"面板；❷在"Resolve FX 纹理"选项区中选择"胶片颗粒"滤镜，如图 2-18 所示。

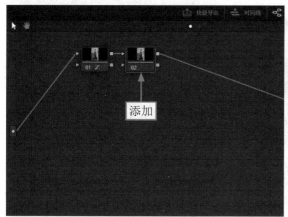

图 2-17　添加一个 02 节点　　　　图 2-18　选择"胶片颗粒"滤镜

专家指点　　在达芬奇中，串行节点调色是最简单的节点组合，上一个节点的RGB调色信息，会通过RGB信息连接线传递输出，作用于下一个节点，可以基本满足用户的调色需求。

STEP 04 >>> 按住鼠标左键，将"胶片颗粒"滤镜拖曳至 02 节点上，即可添加该滤镜，如图 2-19 所示。

STEP 05 >>> 在"特效库"面板的"设置"选项卡中，设置"颗粒强度"参数为 0.170，如图 2-20 所示，增强画面的颗粒感。

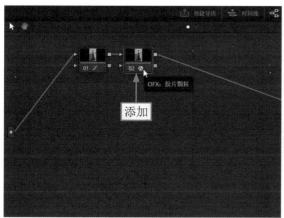
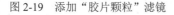
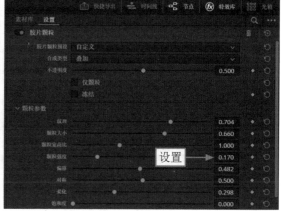

图 2-19　添加"胶片颗粒"滤镜　　　　图 2-20　设置"颗粒强度"参数

STEP 06 >>> 在预览窗口中可以查看添加"胶片颗粒"滤镜后的画面效果，如图 2-21 所示。

图 2-21　查看添加滤镜后的画面效果

2.2.4　设置暗角效果

　　"暗角"一词属于摄影术语,是指图像画面的中间部分较亮、四个角渐变偏暗的一种"老影像"艺术效果,可以突出画面中心。下面介绍在达芬奇中设置暗角效果的操作方法。

STEP 01 ▶▶▶ 在 02 节点的后面添加一个编号为 03 的串行节点,如图 2-22 所示。

STEP 02 ▶▶▶ 在"特效库"面板的"Resolve FX 风格化"选项区中选择"暗角"滤镜,如图 2-23 所示。

扫码看视频

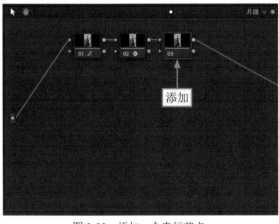

图 2-22　添加一个串行节点

图 2-23　选择"暗角"滤镜

STEP 03 ▶▶▶ 按住鼠标左键,将"暗角"滤镜拖曳至 03 节点上,即可为素材添加该滤镜,如图 2-24 所示。

STEP 04 ▶▶▶ 在"特效库"面板的"设置"选项卡中,设置"大小"参数为 0.743、"变形"参数为 0.624、"柔化"参数为 0.238,如图 2-25 所示,调整"暗角"滤镜的显示效果。

STEP 05 ▶▶▶ 在预览窗口中可以查看设置"暗角"滤镜后的画面效果,如图 2-26 所示。

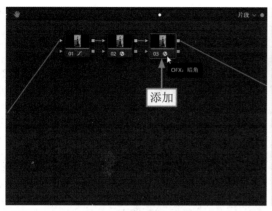

图 2-24 添加"暗角"滤镜

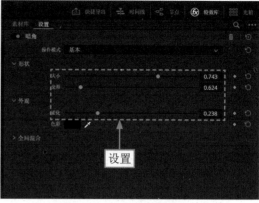

图 2-25 设置相应参数

图 2-26 查看设置滤镜后的画面效果

2.2.5 调整人物皮肤

在对人像视频进行调色时，用户会发现随着对画面色调的调整，人物的皮肤也会受到影响。在本案例中，当画面被调成青黄色调后，人物的皮肤也变暗了，因此需要对人物皮肤进行调整和美化。下面介绍在达芬奇中调整人物皮肤的操作方法。

扫码看视频

STEP 01 ≫ 在"片段"面板中选择第 2 段素材，在第 1 段素材上单击鼠标右键，在弹出的快捷菜单中选择"应用调色"命令，如图 2-27 所示。

STEP 02 ≫ 执行操作后，即可将第 1 段素材中设置的参数和添加的滤镜都应用到第 2 段素材上，完成对第 2 段素材的调色处理，效果如图 2-28 所示。

STEP 03 ≫ 使用与上面同样的方法，为第 3 段素材调色，效果如图 2-29 所示。

STEP 04 ≫ 不同素材中的人物皮肤的位置和情况不一定相同，因此需要对每一段素材的人物皮肤单独进行调整。在"节点"面板中选择第 1 段素材，在 03 节点上单击鼠标右键，在弹出的快捷菜单中选择"添加节点"|"添加并行节点"命令，即可添加一个编号为 04 的并行节点和一个"并行混合器"节点，如图 2-30 所示。

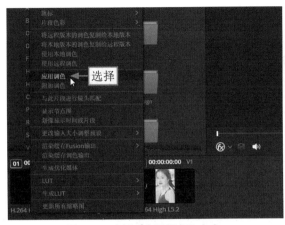

图 2-27　选择"应用调色"命令

图 2-28　完成对第 2 段素材的调色

图 2-29　完成对第 3 段素材的调色

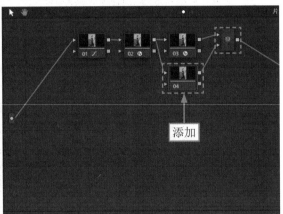

图 2-30　添加相应的节点

专家指点　　在达芬奇中，并行节点的作用是把并行结构的节点之间的调色结果进行叠加混合。当用户在现有节点上添加并行节点时，添加的并行节点会出现在现有节点的下方，"并行混合器"节点会显示在现有节点和并行节点的输出位置。

STEP 05 >>> ❶单击"窗口"按钮⬜；❷在展开的"窗口"面板中单击曲线"窗口激活"按钮⬜，如图 2-31 所示。

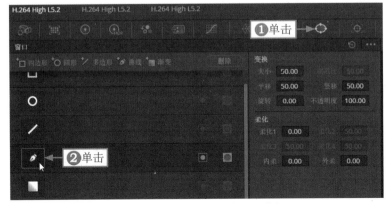

图 2-31　单击曲线"窗口激活"按钮

STEP 06 ▶▶ 在预览窗口的图像上绘制一个窗口蒙版，如图2-32所示，将人物的皮肤框选出来。

图2-32 绘制一个窗口蒙版

STEP 07 ▶▶ ❶单击"跟踪器"按钮🔘；❷在展开的"跟踪器 - 窗口"面板中单击"正向跟踪"按钮▶，如图2-33所示，即可运动跟踪绘制的窗口。

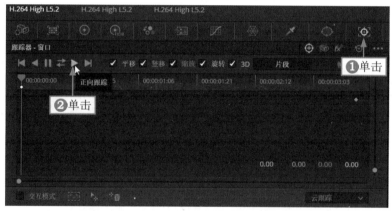

图2-33 单击"正向跟踪"按钮

STEP 08 ▶▶ ❶单击"限定器"按钮🖊；❷在展开的"限定器 -HSL"面板中单击"拾取器"按钮🖊，如图2-34所示。

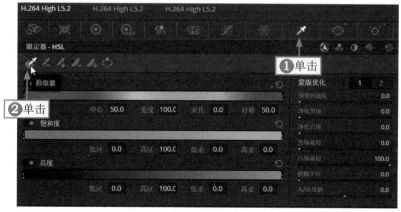

图2-34 单击"拾取器"按钮

STEP 09 ▶▶ ❶在"检视器"面板的上方单击"突出显示"按钮 ，以便于查看选取效果；❷在预览窗口中按住鼠标左键，拖曳光标选取人物皮肤，如图 2-35 所示。

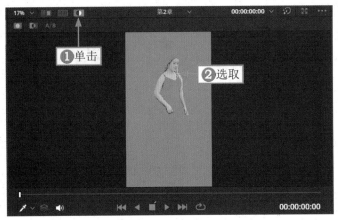

图 2-35　选取人物皮肤

专家指点

　　在本案例中，人物肤色和画面整体色调相近，为了能精准地对人物肤色进行调整，需要先创建一个窗口蒙版，再在蒙版中对人物皮肤进行选取。

STEP 10 ▶▶ 在"限定器 -HSL"面板的"蒙版优化 2"选项区中，设置"降噪"参数为 50.0，如图 2-36 所示，对人物皮肤进行磨皮处理。

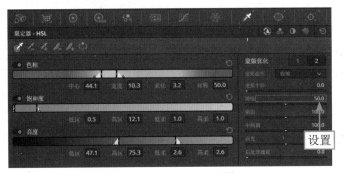

图 2-36　设置"降噪"参数

STEP 11 ▶▶ ❶单击"曲线"按钮 ，切换至"曲线 - 自定义"面板；❷单击"色相 对 饱和度"按钮 ，如图 2-37 所示，进入"曲线 - 色相 对 饱和度"面板。

图 2-37　单击"色相 对 饱和度"按钮

STEP 12 ≫≫ 使用"限定器"工具 在选取的人物皮肤上单击，即可在曲线上自动添加 3 个控制点。向下拖曳第 2 个控制点，直至面板下方的"输入色相"参数显示为 297.72、"饱和度"参数显示为 0.68，如图 2-38 所示，降低人物皮肤中黄色的饱和度，让人物肤色变得白皙，即可完成对第 1 段素材中人物皮肤的调整。

图 2-38　向下拖曳控制点

STEP 13 ≫≫ 使用与上面同样的方法，对第 2 段和第 3 段素材中的人物皮肤进行调整，效果如图 2-39 所示，即可完成视频的制作。

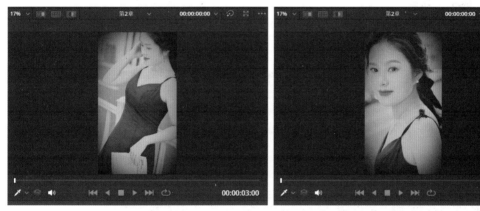

图 2-39　对第 2 段和第 3 段素材中的人物皮肤进行调整的效果

03

COLORIST

第3章 古风人像调色：
制作《红衣佳人》

将人像视频调成古风色调，可以增强画面的艺术感，营造出一种古朴、典雅的氛围，使人像与环境更加和谐。本章以《红衣佳人》为例，介绍制作古风人像调色视频的方法。

3.1 《红衣佳人》效果展示

在本案例中，人物服装是红色的，因此调出的古风色调以红色为主色调，画面光线明亮、柔和，色彩的饱和度高，为古风人像增添了别样的风情。

在制作《红衣佳人》视频之前，首先来欣赏本案例的视频效果，并了解案例的学习目标、制作思路、知识讲解和要点讲堂。

3.1.1 效果欣赏

《红衣佳人》古风人像调色视频的前后效果对比如图 3-1 所示。

图 3-1　前后效果对比

3.1.2　学习目标

知识目标	掌握古风人像调色视频的制作方法
技能目标	（1）掌握打开项目文件的操作方法 （2）掌握统一画面色调的操作方法 （3）掌握添加光线滤镜的操作方法 （4）掌握美化视频人像的操作方法 （5）掌握制作渐隐片尾的操作方法
本章重点	调整画面色彩
本章难点	美化视频人像
视频时长	10分59秒

3.1.3　制作思路

　　本案例首先介绍如何打开项目文件，并统一画面色调，然后为其添加光线滤镜，美化视频人像，最后制作渐隐片尾。图 3-2 所示为本案例视频的制作思路。

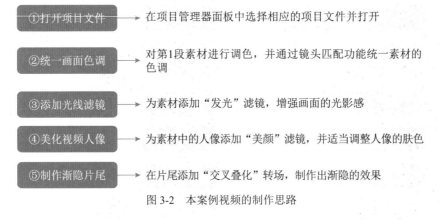

图 3-2　本案例视频的制作思路

3.1.4　知识讲解

　　《红衣佳人》这一案例主要讲解为人像视频调出古风色调的技巧，让画面整体变得明亮，色彩更浓郁，人物的皮肤变得更细腻，从而制作出古韵古香的人像视频效果。

3.1.5　要点讲堂

　　在本章内容中，会用到达芬奇的一个功能——镜头匹配。该功能的主要作用是对两个片段进行色调分析，并自动匹配效果比较好的视频片段，从而使整个视频画面的色调保持统一。

　　为视频进行镜头匹配的主要方法为：选择要调整的素材，在调好色的素材上单击鼠标右键，在弹出的快捷菜单中选择"与此片段进行镜头匹配"命令即可。

3.2 《红衣佳人》制作流程

本节介绍古风人像调色视频的制作方法，包括打开项目文件、统一画面色调、添加光线滤镜、美化视频人像及制作渐隐片尾等内容。希望大家熟练掌握本节内容，自己也可以制作出韵味十足的古风人像视频。

3.2.1 打开项目文件

扫码看视频

达芬奇支持导出项目文件，当用户想对视频进行处理时，首先需要打开对应的项目文件。下面介绍在达芬奇中打开项目文件的操作方法。

STEP 01 ▶▶ 启动达芬奇软件，进入项目管理器面板，在"本地"选项卡中单击"导入"按钮，如图3-3所示。

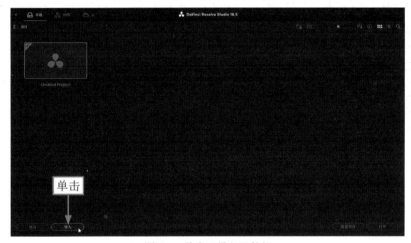

图3-3 单击"导入"按钮

STEP 02 ▶▶ 执行操作后，弹出"导入项目文件"对话框，❶选择项目文件；❷单击"打开"按钮，如图3-4所示。

图3-4 单击"打开"按钮（1）

用户也可以按Ctrl＋I组合键，调出"导入项目文件"对话框，打开项目文件；还可以在项目文件上单击鼠标右键，在弹出的快捷菜单中选择"打开"命令。

STEP 03 >>> 执行操作后，即可将项目文件导入项目管理器面板中，单击"打开"按钮，如图3-5所示，即可打开项目文件，并进入工作界面。

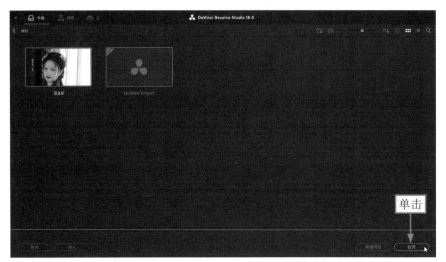

图3-5 单击"打开"按钮（2）

3.2.2 统一画面色调

除了特殊需求外，一个视频的色调应该保持统一，这样才能在不同素材之间切换时显得和谐、美观。下面介绍在达芬奇中统一画面色调的操作方法。

扫码看视频

STEP 01 >>> 切换至"调色"步骤面板，❶单击"色轮"按钮◉；❷在展开的"一级 - 校色轮"面板中，设置"暗部"色轮下的第 1 个参数为 0.02、"中灰"色轮下的第 2 个参数为 0.03、"亮部"色轮下的第 2 个参数为 1.03、"偏移"色轮下的第 1 个参数为 28.00、"饱和度"参数为 53.00，如图 3-6 所示，提高画面中黑色区域的亮度，增加画面中红色的浓度，使画面整体偏红色。

图3-6 设置相应参数（1）

专家指点

在达芬奇中，当用户没有进行任何调色操作时，节点上不会显示任何图标，并且将鼠标指针移至节点上，会弹出"无调色"的提示，只有进行调色后，节点上才会显示相应的图标。

STEP 02 ▶▶▶ 选择第2段素材，在第1段素材上单击鼠标右键，在弹出的快捷菜单中选择"与此片段进行镜头匹配"命令，如图3-7所示。

STEP 03 ▶▶▶ 执行操作后，达芬奇会对第1段和第2段素材进行色调分析，并对第2段素材进行匹配，在"节点"面板中的01节点上会显示"镜头匹配"图标▦，如图3-8所示。

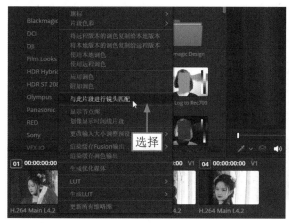

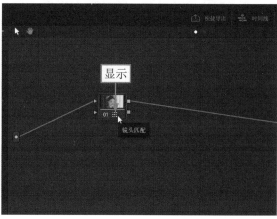

图3-7 选择"与此片段进行镜头匹配"命令　　图3-8 显示"镜头匹配"图标

STEP 04 ▶▶▶ 完成镜头匹配后，用户可以根据素材的情况再进行调整，在"一级 - 校色轮"面板中，设置"偏移"色轮下的第1个参数为27.00、"阴影"参数为-15.00，如图3-9所示，增加画面中的红色，并降低画面暗部的亮度。

图3-9 设置相应参数（2）

STEP 05 ≫ 执行操作后，即可完成对第 2 段素材的调色处理，效果如图 3-10 所示。

图 3-10　完成对第 2 段素材的调色处理

STEP 06 ≫ 使用与上面同样的方法，对第 3 段和第 4 段素材进行镜头匹配，使画面色调统一，效果如图 3-11 所示。

图 3-11　对第 3 段和第 4 段素材进行镜头匹配的效果

3.2.3　添加光线滤镜

如果素材的光线效果不够好，可以为素材添加光线滤镜来进行优化。下面介绍在达芬奇中添加光线滤镜的操作方法。

扫码看视频

STEP 01 ≫ 选择第 1 段素材，在 01 节点后面添加一个编号为 02 的串行节点，如图 3-12 所示。

STEP 02 ≫ ❶单击"特效库"按钮，展开"特效库"面板；❷在"Resolve FX 光线"选项区中选择"发光"滤镜，如图 3-13 所示。

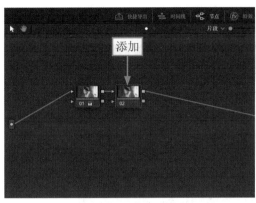

图 3-12　添加相应节点

图 3-13　选择"发光"滤镜

STEP 03 ⟫⟫ 按住鼠标左键将"发光"滤镜拖曳至 02 节点上，即可添加该滤镜，如图 3-14 所示。

STEP 04 ⟫⟫ 在"设置"选项卡中，设置"闪亮阈值"参数为 1.000、"散布"参数为 0.621、"水平 / 垂直比率"参数为 -1.000，如图 3-15 所示，调整滤镜的亮度、形状和分布情况。

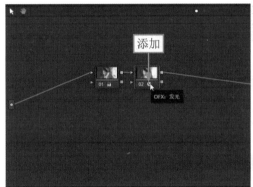

图 3-14　添加"发光"滤镜

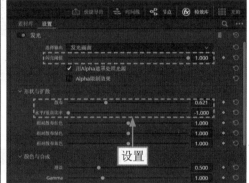

图 3-15　设置相应参数（1）

STEP 05 ⟫⟫ 执行操作后，用户可以在预览窗口中查看添加滤镜后的画面效果，如图 3-16 所示。

图 3-16　查看添加滤镜后的画面效果

STEP 06 >>> 使用与上面同样的方法，为第 2 段素材添加 02 节点和"发光"滤镜，并设置相应参数，如图 3-17 所示。

图 3-17　设置相应参数（2）

STEP 07 >>> 使用与上面同样的方法，为第 3 段素材添加 02 节点和"发光"滤镜，并设置相应参数，如图 3-18 所示。

图 3-18　设置相应参数（3）

STEP 08 >>> 使用与上面同样的方法，为第 4 段素材添加 02 节点和"发光"滤镜，并设置相应参数，如图 3-19 所示。

图 3-19　设置相应参数（4）

3.2.4　美化视频人像

　　视频的色彩调整完成后，可以开始对视频人像进行美化，例如调整肤色和添加"美颜"滤镜。下面介绍在达芬奇中美化视频人像的操作方法。

扫码看视频

STEP 01 >>> 选择第 1 段素材，在 02 节点后面添加一个编号为 03 的串行节点，如图 3-20 所示。

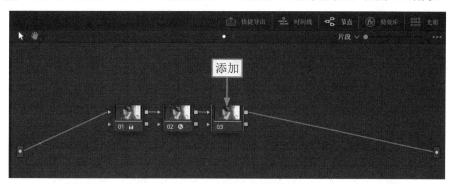

图 3-20　添加相应节点

STEP 02 >>> ❶单击 "窗口" 按钮⬛；❷在展开的 "窗口" 面板中单击圆形 "窗口激活" 按钮⬤，如图 3-21 所示。

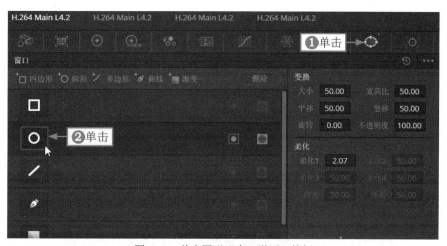

图 3-21　单击圆形 "窗口激活" 按钮

STEP 03 >>> 在预览窗口中，调整圆形窗口蒙版的大小和位置，如图 3-22 所示，将人物皮肤框选起来。

图 3-22　调整圆形窗口蒙版的大小和位置

STEP 04 ❯❯❯ ❶单击"跟踪器"按钮 ；❷在展开的"跟踪器 - 窗口"面板中单击"正向跟踪"按钮 ，如图 3-23 所示，即可运动跟踪绘制的窗口，使人物皮肤一直位于窗口中。

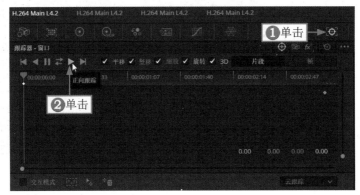

图 3-23　单击"正向跟踪"按钮

STEP 05 ❯❯❯ ❶单击"曲线"按钮 。❷在展开的面板中单击"色相 对 饱和度"按钮 ，进入"曲线 - 色相 对 饱和度"面板；用"限定器"工具 在选取的人物皮肤上单击，即可在曲线上自动添加 3 个控制点。❸向下拖曳第 2 个控制点，如图 3-24 所示，直至面板下方的"输入色相"参数显示为 285.87、"饱和度"参数显示为 0.71，降低人物皮肤中黄色的饱和度，让人物肤色变得白皙，即可完成第 1 段素材中人物肤色的调整。

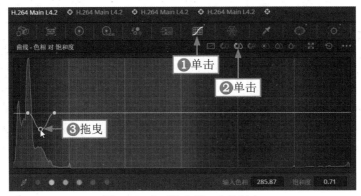

图 3-24　向下拖曳第 2 个控制点

STEP 06 ❯❯❯ 在"特效库"面板的"Resolve FX 美化"选项区中选择"美颜"滤镜，如图 3-25 所示。

STEP 07 ❯❯❯ 按住鼠标左键将"美颜"滤镜拖曳至 03 节点上，为第 1 段素材添加该滤镜，在"设置"选项卡的"磨皮"选项区中，设置"强度"参数为 0.700，如图 3-26 所示，增强"美颜"滤镜的磨皮效果，即可完成第 1 段素材中人像的美化处理。

图 3-25　选择"美颜"滤镜

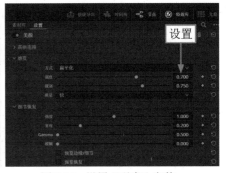

图 3-26　设置"强度"参数

STEP 08 >>> 在预览窗口中查看人像美化的效果，如图 3-27 所示。

图 3-27 查看人像美化效果

STEP 09 >>> 在"片段"面板中选择第 2 段视频，为其添加一个编号为 03 的串行节点，使用与上面同样的方法，在人像视频上绘制窗口蒙版，并调整人物肤色和添加"美颜"滤镜，绘制的窗口蒙版和美化效果如图 3-28 所示。

图 3-28 第 2 段素材绘制的窗口蒙版和美化效果

STEP 10 >>> 在"片段"面板中选择第 3 段视频，为其添加一个编号为 03 的串行节点，使用与上面同样的方法，在人像视频上绘制窗口蒙版，并调整人物肤色和添加"美颜"滤镜，绘制的窗口蒙版和美化效果如图 3-29 所示。

图 3-29 第 3 段素材绘制的窗口蒙版和美化效果

STEP 11 在"片段"面板中选择第 4 段视频，为其添加一个编号为 03 的串行节点，使用与上面同样的方法，在人像视频上绘制窗口蒙版，并调整人物肤色和添加"美颜"滤镜，绘制的窗口蒙版和美化效果如图 3-30 所示。

图 3-30　第 4 段素材绘制的窗口蒙版和美化效果

3.2.5　制作渐隐片尾

如果在片头添加"交叉叠化"转场，就可以制作出画面从黑变亮、画面内容慢慢显示的渐显片头效果；如果将"交叉叠化"转场添加在片尾，则能制作出画面渐渐变黑的渐隐片尾。下面介绍在达芬奇中制作渐隐片尾的操作方法。

扫码看视频

STEP 01 切换至"剪辑"步骤面板，❶单击"特效库"按钮，展开"特效库"面板；❷在"工具箱"|"视频转场"选项卡的"叠化"选项区中选择"交叉叠化"转场，如图 3-31 所示，即可预览转场效果。

STEP 02 将"交叉叠化"转场拖曳至第 4 段素材的结束位置，即可在片尾添加一个转场，如图 3-32 所示。

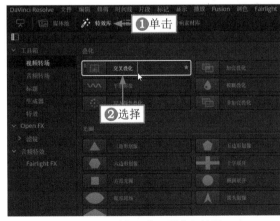
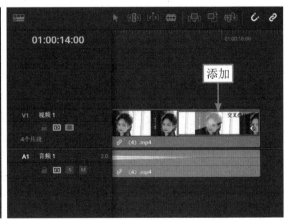

图 3-31　选择"交叉叠化"转场　　　　图 3-32　添加"交叉叠化"转场

STEP 03 ▶▶ 选择"交叉叠化"转场，在"检查器"面板的"转场"选项卡中，设置转场的"时长"参数为1.2秒，如图3-33所示，延长转场的持续时间，完成渐隐片尾的制作。

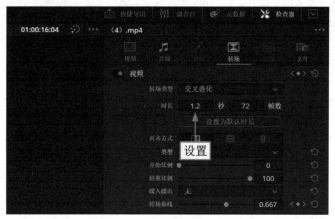

图3-33 设置"时长"参数

04

COLORIST

第4章 | **婚纱人像调色：**
制作《甜蜜时光》

　　色彩在视频中往往可以给观众留下良好的第一印象，并在某种程度上抒发一种情感。在人像视频中，除了可以通过人物的表情、动作和语言来传情达意外，用户也可以通过调色来营造氛围感，从而突出视频主题。本章以《甜蜜时光》为例，介绍制作婚纱人像调色视频的方法。

4.1 《甜蜜时光》效果展示

在本案例的素材中出现了两个人物，因此在完成画面色彩的调整后，需要根据人物性别和形象分别对肤色进行调整。

在制作《甜蜜时光》视频之前，首先来欣赏本案例的视频效果，并了解案例的学习目标、制作思路、知识讲解和要点讲堂。

4.1.1 效果欣赏

《甜蜜时光》婚纱人像调色视频的前后效果对比如图4-1所示。

图4-1　前后效果对比

4.1.2 学习目标

知识目标	掌握婚纱人像调色视频的制作方法
技能目标	（1）掌握设置分辨率的操作方法 （2）掌握调整画面色彩的操作方法 （3）掌握调整滤镜效果的操作方法 （4）掌握分别调整肤色的操作方法
本章重点	调整画面色彩
本章难点	分别调整肤色
视频时长	10分21秒

4.1.3 制作思路

本案例首先介绍如何设置分辨率，并调整画面色彩，然后为其调整滤镜效果，最后分别调整肤色。图 4-2 所示为本案例视频的制作思路。

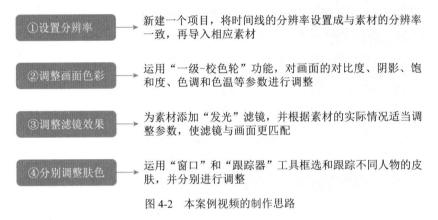

①设置分辨率 → 新建一个项目，将时间线的分辨率设置成与素材的分辨率一致，再导入相应素材

②调整画面色彩 → 运用"一级-校色轮"功能，对画面的对比度、阴影、饱和度、色调和色温等参数进行调整

③调整滤镜效果 → 为素材添加"发光"滤镜，并根据素材的实际情况适当调整参数，使滤镜与画面更匹配

④分别调整肤色 → 运用"窗口"和"跟踪器"工具框选和跟踪不同人物的皮肤，并分别进行调整

图 4-2　本案例视频的制作思路

4.1.4 知识讲解

《甜蜜时光》这一案例主要讲解为婚纱人像视频调色的技巧，让画面整体更加清晰、艳丽，人物的肤色变得和谐，让婚纱人像视频变得温馨、浪漫。

4.1.5 要点讲堂

在本章内容中，会用到达芬奇的一个功能——一级 - 校色轮，该功能的主要作用是对图像画面的阴影部分、中间灰色部分、高光部分和色彩偏移部分分别进行调整。

为视频调用"一级 - 校色轮"功能的操作方法为：选择相应节点，在"调色"步骤面板中单击"色轮"按钮◙，在"色轮"面板中单击"校色轮"按钮◙，即可展开相应面板，对素材画面中的不同部分进行调整。

4.2 《甜蜜时光》制作流程

本节介绍婚纱人像调色视频的制作方法，包括设置分辨率、调整画面色彩、调整滤镜效果及分别

调整肤色等内容。希望大家熟练掌握本节内容，自己也可以制作出唯美的婚纱人像调色视频。

4.2.1 设置分辨率

扫码看视频

如果素材的分辨率并不是 1920×1080 或 1080×1920，用户就需要单独设置时间线的分辨率，这样才能避免生成的视频有黑边。下面介绍在达芬奇中设置分辨率的操作方法。

STEP 01 >>> 新建一个项目，选择"文件"|"新建时间线"命令，如图 4-3 所示。

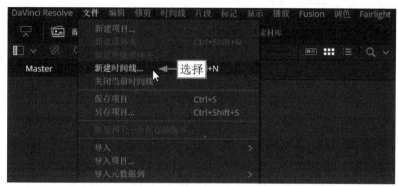

图 4-3 选择"新建时间线"命令

STEP 02 >>> 执行操作后，弹出"新建时间线"对话框，❶取消选中"使用项目设置"复选框；❷切换至"格式"选项卡；❸在"时间线分辨率"选项区下方的输入框中设置分辨率参数为 1080×1620；❹选中"使用竖屏分辨率"复选框，如图 4-4 所示，单击"创建"按钮，即可创建一条合适的时间线。

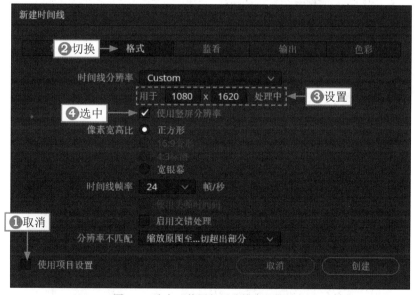

图 4-4 选中"使用竖屏分辨率"复选框

4.2.2 调整画面色彩

扫码看视频

在"一级 - 校色轮"面板中一共有 4 个色轮，从左往右分别是暗部、中灰、亮部和偏移，可以用来调整对应部位的画面色彩。下面介绍在达芬奇中调整画面色彩的操作方法。

STEP 01 >>> 在"媒体池"面板中导入 3 段素材，将素材按顺序添加到"时间线"面板中，如图 4-5 所示。

图 4-5　将素材添加到"时间线"面板中

STEP 02 ▷▷▷ 切换至"调色"步骤面板，❶单击"色轮"按钮◉；❷在"一级 - 校色轮"面板中设置"色温"
参数为 -630.0、"色调"参数为 -50.00、"对比度"参数为 1.080、"阴影"参数为 -37.00、"饱和度"参数为
70.00，如图 4-6 所示，使画面的色调偏冷、偏青色，色彩更浓郁，降低画面黑色部分的亮度，增强画面的明暗对比度。

图 4-6　设置相应参数（1）

STEP 03 ▷▷▷ ❶将鼠标指针移至"暗部"色轮下方的轮盘上，按住鼠标左键向左拖曳，直至色轮下方的参数
均显示为 -0.04；❷使用同样的方法设置"中灰"色轮下方的参数均为 0.01，如图 4-7 所示，使画面的明暗对比
更明显。

图 4-7　设置相应参数（2）

STEP 04 ▷▷▷ 在预览窗口中可以查看第 1 段素材的调色效果，如图 4-8 所示。

STEP 05 ▷▷▷ 在"片段"面板中选择第 2 段视频素材，在第 1 段素材上单击鼠标右键，在弹出的快捷菜单中
选择"应用调色"命令，如图 4-9 所示，即可完成对第 2 段素材的调色处理。

STEP 06 ▷▷▷ 使用与上面同样的方法，完成对第 3 段素材的调色处理。在预览窗口中可以查看第 2 段和第 3
段素材的调色效果，如图 4-10 所示。

图 4-8　查看第 1 段素材的调色效果

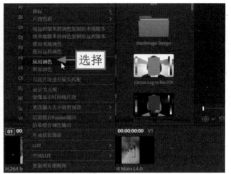

图 4-9　选择"应用调色"命令

图 4-10　查看第 2 段和第 3 段素材的调色效果

4.2.3　调整滤镜效果

扫码看视频

为素材添加"发光"滤镜，并调整相应的参数，可以增强画面的光影感和氛围感。下面介绍在达芬奇中调整滤镜效果的操作方法。

STEP 01 ▶▶ 选择第 1 段素材，在 01 节点的后面添加一个编号为 02 的串行节点，如图 4-11 所示。

STEP 02 ▶▶ 在"特效库"面板的"Resolve FX 光线"选项区中选择"发光"滤镜，如图 4-12 所示。

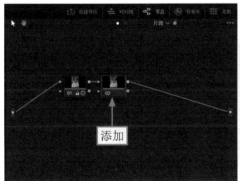

图 4-11　添加一个串行节点

图 4-12　选择"发光"滤镜

STEP 03 ▶▶ 按住鼠标左键将"发光"滤镜拖曳至 02 节点上，释放鼠标左键，即可将"发光"滤镜添加至 02 节点上，如图 4-13 所示。

STEP 04 ▶▶ 在"设置"选项卡中，设置"闪亮阈值"参数为 0.654、"散布"参数为 0.700，如图 4-14 所示，调整滤镜的亮度和分布情况。

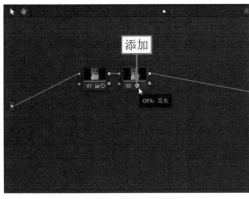

图 4-13　添加"发光"滤镜（1）

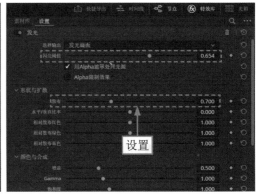

图 4-14　设置相应参数（1）

STEP 05 >>> 选择第 2 段素材，在 01 节点后面添加一个编号为 02 的串行节点，并将"发光"滤镜添加至 02 节点上，如图 4-15 所示。

STEP 06 >>> 选择第 3 段素材，为其添加编号为 02 的串行节点和"发光"滤镜，画面效果如图 4-16 所示。

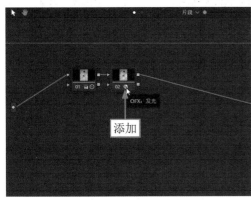

图 4-15　添加"发光"滤镜（2）

图 4-16　添加节点和滤镜后的画面效果

STEP 07 >>> 在"设置"选项卡中，设置"闪亮阈值"参数为 0.550、"散布"参数为 0.455，如图 4-17 所示，完成滤镜的添加和调整。

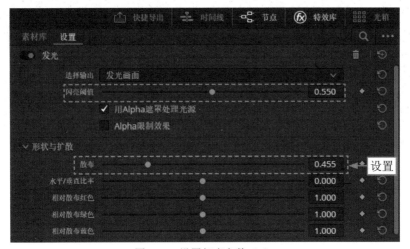

图 4-17　设置相应参数（2）

4.2.4 分别调整肤色

在调整人物肤色时，不能一味地追求白皙和光滑，以免使人物皮肤失去真实感，而是应该根据环境、主题和人物性别进行适当调整。下面介绍在达芬奇中分别调整肤色的操作方法。

STEP 01 ▶▶▶ 选择第 1 段素材，添加一个编号为 03 的串行节点，在 03 节点上单击鼠标右键，在弹出的快捷菜单中选择"添加节点"|"添加并行节点"命令，如图 4-18 所示。

STEP 02 ▶▶▶ 执行操作后，即可添加一个编号为 04 的并行节点和一个"并行混合器"节点，如图 4-19 所示。

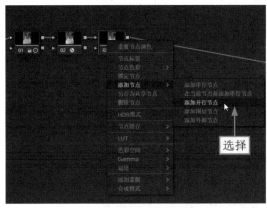
图 4-18　选择"添加并行节点"命令

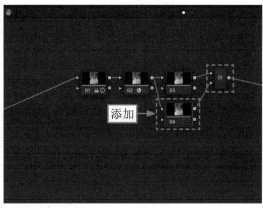
图 4-19　添加相应节点

STEP 03 ▶▶▶ 选择 03 节点，❶单击"窗口"按钮◉；❷在展开的"窗口"面板中单击圆形"窗口激活"按钮◉，如图 4-20 所示。

图 4-20　单击圆形"窗口激活"按钮

专家指点

　　在预览窗口中，可以通过滚动鼠标中键来缩放素材的显示比例，从而放大或缩小画面，让操作更便利。

STEP 04 ▶▶▶ 在预览窗口中，调整圆形窗口蒙版的大小和位置，如图 4-21 所示，将第 1 段素材中女性人物的脸部框选起来。

图 4-21　调整圆形窗口蒙版的大小和位置

STEP 05 ▷▷▷ ❶单击"跟踪器"按钮📷；❷在展开的"跟踪器 - 窗口"面板中单击"正向跟踪"按钮▶，如图 4-22 所示，即可运动跟踪绘制的窗口，使人物脸部一直位于窗口中。

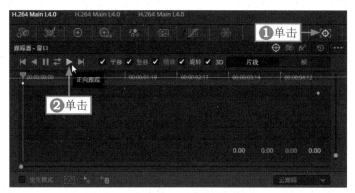

图 4-22　单击"正向跟踪"按钮

STEP 06 ▷▷▷ ❶单击"曲线"按钮📈。❷在展开的面板中单击"色相 对 饱和度"按钮📷，进入"曲线 - 色相 对 饱和度"面板；使用"限定器"工具📷在选取的人物皮肤上单击，即可在曲线上自动添加 3 个控制点。❸向下拖曳第 2 个控制点，如图 4-23 所示，直至面板下方的"输入色相"参数显示为 289.50，"饱和度"参数显示为 0.82，降低人物皮肤中黄色的饱和度，让人物肤色变得白皙，即可完成对第 1 段素材中女性人物肤色的调整。

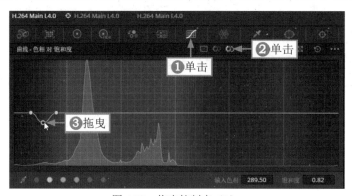

图 4-23　拖曳控制点（1）

STEP 07 ▷▷▷ 选择 04 节点，使用与上面同样的方法，对第 1 段素材中的男性人物脸部进行框选和跟踪，在"曲线 - 色相 对 饱和度"面板中，使用"限定器"工具📷在选取的人物皮肤上单击，即可在曲线上自动添加 3 个控制点，向上拖曳第 2 个控制点，如图 4-24 所示，直至面板下方的"输入色相"参数显示为 294.11，"饱和度"参数显示为 1.29，即可增加人物皮肤中黄色的饱和度，让人物的肤色变得和谐。

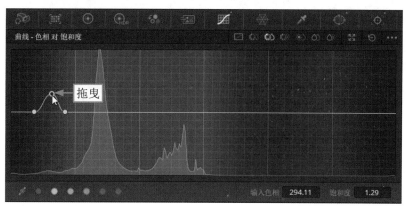

图 4-24 拖曳控制点（2）

STEP 08 ⟫⟫ 使用与上面同样的方法，分别对第 2 段和第 3 段素材中的人物肤色进行调整，效果如图 4-25 所示，即可完成视频的制作。

图 4-25 分别对第 2 段和第 3 段素材中的人物肤色进行调整

05

COLORIST

| 第5章 | 蓝天白云调色：
制作《云卷云舒》 |

虽然蓝天和白云在日常生活中随处可见，但仍有许多摄影师以它们为主题进行视频的拍摄。因此，掌握对蓝天白云视频进行调色的操作方法，对于用户来说很有必要。本章以《云卷云舒》为例，介绍制作蓝天白云调色视频的方法。

5.1 《云卷云舒》效果展示

　　蓝天白云是非常常见的视频素材，蔚蓝的天空和洁白的云朵可以给人带来一种宁静、悠闲的舒适感。

　　在制作《云卷云舒》视频之前，首先来欣赏本案例的视频效果，并了解案例的学习目标、制作思路、知识讲解和要点讲堂。

5.1.1 效果欣赏

　　《云卷云舒》蓝天白云调色视频的前后效果对比如图 5-1 所示。

图 5-1　前后效果对比

5.1.2　学习目标

知识目标	掌握蓝天白云调色视频的制作方法
技能目标	（1）掌握进行曲线调色的操作方法 （2）掌握添加叠化转场的操作方法
本章重点	进行曲线调色
本章难点	添加叠化转场
视频时长	3分07秒

5.1.3　制作思路

本案例首先介绍进行曲线调色的方法，再为素材添加叠化转场。图 5-2 所示为本案例视频的制作思路。

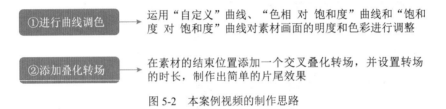

①进行曲线调色 → 运用"自定义"曲线、"色相 对 饱和度"曲线和"饱和度 对 饱和度"曲线对素材画面的明度和色彩进行调整

②添加叠化转场 → 在素材的结束位置添加一个交叉叠化转场，并设置转场的时长，制作出简单的片尾效果

图 5-2　本案例视频的制作思路

5.1.4　知识讲解

《云卷云舒》这一案例主要讲解为蓝天白云视频进行调色的技巧，让画面变得更透亮，天空中的蓝色更浓郁。

5.1.5　要点讲堂

在本章内容中，会用到达芬奇的一个功能——曲线。不同调色模式的曲线对画面的调节作用也不同，用户在使用时要选择合适的曲线。

为视频应用曲线功能的方法为：选择调色节点，在"调色"步骤面板中单击"曲线"按钮 ，即可展开对应的面板进行操作。

5.2　《云卷云舒》制作流程

本节介绍蓝天白云调色视频的制作方法，包括进行曲线调色和添加叠化转场。希望大家熟练掌握本节内容，自己也可以制作出令人心旷神怡的蓝天白云调色视频。

5.2.1　进行曲线调色

在通过"曲线"功能对素材进行调色时，需要通过拖曳控制点来调整曲线的位置，从而对画面色彩进行调整。下面介绍在达芬奇中进行曲线调色的操作方法。

扫码看视频

STEP 01 ≫ 打开一个项目文件，在"调色"步骤面板中单击"曲线"按钮▧，如图5-3所示。

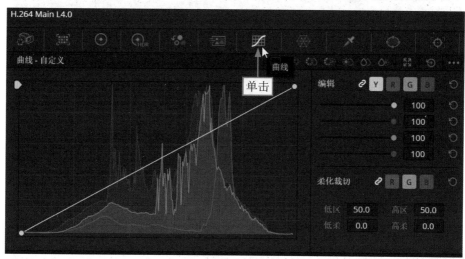

图5-3 单击"曲线"按钮

STEP 02 ≫ 默认进入"曲线 - 自定义"面板，❶在曲线参数控制器中单击"亮度"按钮▧，进入亮度曲线调节通道；❷按住 Shift 键的同时在亮度曲线上添加 3 个控制点，如图5-4 所示。

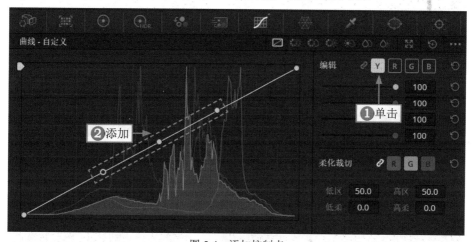

图5-4 添加控制点

专家指点

在"曲线-自定义"面板的曲线参数控制器中，有Y、R、G、B 4个颜色按钮▧▧▧▧，分别对应不同的曲线调节通道。在这4个颜色按钮的左侧有一个"链接"按钮▧，默认状态下该按钮是开启状态，左侧的曲线编辑器中只会显示一条白色曲线，用户的任何操作都会对4个曲线调节通道的曲线造成影响。用户只有单击"链接"按钮▧，将其关闭，或者单击某个颜色按钮，才可以对某一个通道进行调整操作。

STEP 03 ≫ 调整亮度曲线上控制点的位置，如图5-5所示，提亮画面的高光部分，压暗画面的暗部，从而提高画面的明暗对比度。

STEP 04 ≫ ❶在曲线参数控制器中单击"蓝"按钮▧，进入蓝色曲线调节通道；❷在蓝色曲线上添加并调整控制点的位置，如图5-6所示，增加画面高光部分的蓝色。

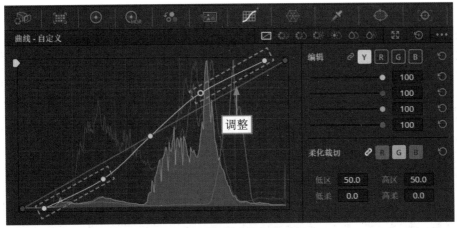

图 5-5　调整控制点的位置（1）

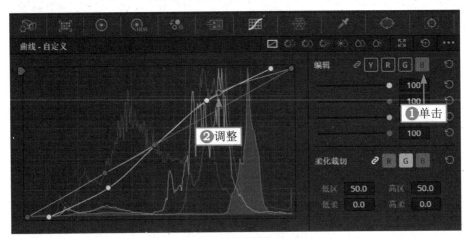

图 5-6　调整控制点的位置（2）

STEP 05 ⟫⟫ 在"曲线 - 自定义"面板中单击"色相 对 饱和度"按钮，如图 5-7 所示，进入"曲线 - 色相对 饱和度"面板。

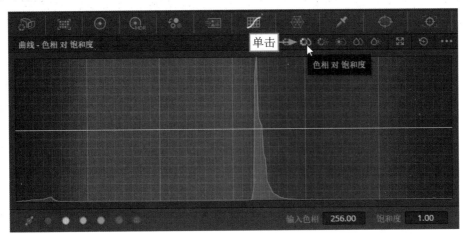

图 5-7　单击"色相 对 饱和度"按钮

STEP 06 ⟫⟫ ❶单击面板下方的蓝色色块，在编辑器中的曲线上添加 3 个控制点；❷向上拖曳第 2 个控制点，如图 5-8 所示，提高画面中蓝色色相的饱和度。

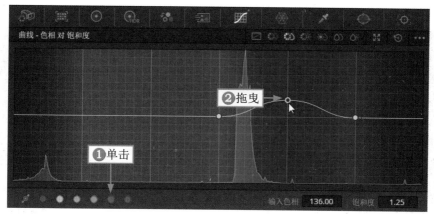

图 5-8　向上拖曳控制点（1）

专家指点

使用"色相 对 饱和度"曲线模式可以校正图像画面中色相过度饱和或欠饱和的状况。用户可以单击面板下方的色块来添加对应颜色的控制点；也可以手动在曲线上添加控制点；还可以在预览窗口的画面中使用"限定器"工具 选取要调整的颜色，选取完成后会自动在曲线上添加相应的控制点。

STEP 07 ❶单击"饱和度 对 饱和度"按钮 ，进入"曲线 - 饱和度 对 饱和度"面板；❷按住 Shift 键的同时在低饱和区和中间调位置分别添加 1 个控制点，如图 5-9 所示。

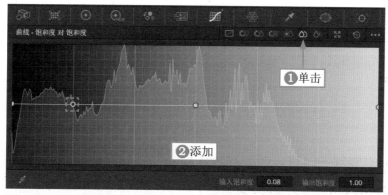

图 5-9　添加控制点

STEP 08 向上拖曳低饱和区中的控制点，如图 5-10 所示，增加画面低饱和区域中的色彩浓度。

图 5-10　向上拖曳控制点（2）

STEP 09 ➤➤➤ 在预览窗口中可以查看画面的调色效果，如图 5-11 所示。

图 5-11　查看画面调色效果

5.2.2　添加叠化转场

"交叉叠化"转场用在素材的不同位置可以发挥不同的作用，例如放在素材的结束位置，可以制作出画面由明变暗的渐隐片尾效果。下面介绍在达芬奇中添加交叉叠化转场的操作方法。

扫码看视频

STEP 01 ➤➤➤ 切换至"剪辑"步骤面板，❶单击"特效库"按钮，展开"特效"面板；❷在"工具箱"|"视频转场"选项卡的"叠化"选项区中选择"交叉叠化"转场，如图 5-12 所示，即可预览转场效果。

STEP 02 ➤➤➤ 将"交叉叠化"转场拖曳至"时间线"面板中的素材结束位置，即可添加相应的转场，如图 5-13 所示。

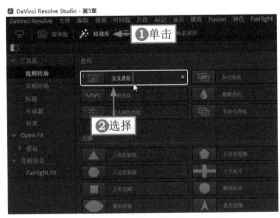

图 5-12　选择"交叉叠化"转场

图 5-13　添加"交叉叠化"转场

STEP 03 ▶▶ 选择 "交叉叠化" 转场，在 "检查器" 面板的 "转场" 选项卡中，设置转场的 "时长" 参数为 1.3 秒，如图 5-14 所示，延长转场的持续时长，即可完成视频的制作。

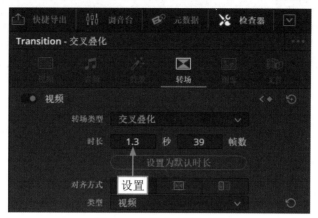

图 5-14　设置 "时长" 参数

06

COLORIST

| 第6章 | 蓝橙调色：
制作《长桥一梦》 |

蓝橙色调在许多平台上都是一个比较热门的色调，画面以青色和蓝色为主要颜色，很多调色师、摄影师都会将自己的视频调成这个色调。本章以《长桥一梦》为例，介绍制作蓝橙调色视频的方法。

6.1 《长桥一梦》效果展示

　　蓝橙色调以蓝色和橙色为主，蓝色为冷色调，橙色为暖色调，会在画面中形成强烈的对比，让视频画面更具视觉冲击力。

　　在制作《长桥一梦》视频之前，首先来欣赏本案例的视频效果，并了解案例的学习目标、制作思路、知识讲解和要点讲堂。

6.1.1 效果欣赏

　　《长桥一梦》蓝橙调色视频的前后效果对比如图 6-1 所示。

图 6-1 前后效果对比

6.1.2　学习目标

知识目标	掌握蓝橙调色视频的制作方法
技能目标	（1）掌握调出蓝橙色调的操作方法 （2）掌握剪辑素材时长的操作方法 （3）掌握删除素材原声的操作方法
本章重点	调出蓝橙色调
本章难点	删除素材原声
视频时长	4分30秒

6.1.3　制作思路

本案例首先介绍调出蓝橙色调的操作方法，然后剪辑素材时长，最后删除视频原声。图 6-2 所示为本案例视频的制作思路。

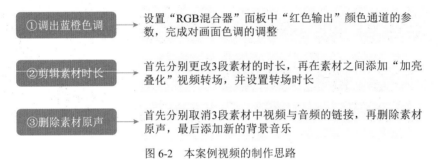

①调出蓝橙色调　→　设置"RGB混合器"面板中"红色输出"颜色通道的参数，完成对画面色调的调整

②剪辑素材时长　→　首先分别更改3段素材的时长，再在素材之间添加"加亮叠化"视频转场，并设置转场时长

③删除素材原声　→　首先分别取消3段素材中视频与音频的链接，再删除素材原声，最后添加新的背景音乐

图 6-2　本案例视频的制作思路

6.1.4　知识讲解

《长桥一梦》这一案例主要讲解为视频调出蓝橙色调的技巧，让画面的色彩对比更加鲜明，从而增强视频的美观度和冲击力。

6.1.5　要点讲堂

在本章内容中，会用到达芬奇的一个功能——RGB 混合器，该功能的主要作用是针对图像画面中的某一种颜色进行准确调节，并且不影响画面中的其他颜色。

为视频调用 RGB 混合器功能的操作方法为：选择相应节点，在"调色"步骤面板中单击"RGB 混合器"按钮 ，即可展开"RGB 混合器"面板，进行调色。

6.2　《长桥一梦》制作流程

本节介绍蓝橙调色视频的制作方法，包括调出蓝橙色调、剪辑素材时长及删除素材原声。希望大家熟练掌握本节内容，自己也可以制作出风格独特的蓝橙色调视频。

6.2.1 调出蓝橙色调

在"RGB 混合器"面板中，有红色输出、绿色输出和蓝色输出 3 组颜色通道，每组颜色通道都有红色、绿色和蓝色 3 个滑块控制条，方便用户进行调整。另外，在默认状态下，"RGB 混合器"面板会自动开启"保持亮度"功能，让用户在调整颜色通道时，亮度值保持不变，为后期调色提供了很大的创作空间。下面介绍在达芬奇中调出蓝橙色调的操作方法。

扫码看视频

STEP 01 ≫ 打开一个项目文件，切换至"调色"步骤面板，单击"RGB 混合器"按钮，如图 6-3 所示，展开"RGB 混合器"面板。

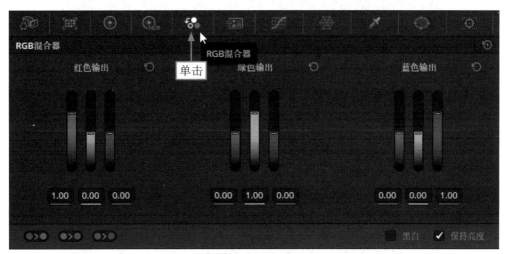

图 6-3　单击"RGB 混合器"按钮

STEP 02 ≫ 在"红色输出"颜色通道中，设置红色控制条和绿色控制条的参数均为 1.40，如图 6-4 所示，使画面偏橙色。

图 6-4　设置相应参数（1）

STEP 03 ≫ 在"红色输出"颜色通道中，设置蓝色控制条的参数为 -1.70，如图 6-5 所示，即可增加画面中的蓝色，调出蓝橙色调。

图6-5　设置相应参数（2）

专家指点

在色环图中，橙色位于红色和绿色之间，并且离红色更近，因此，在"红色输出"颜色通道中增加红色控制条和绿色控制条的参数，就可以使画面偏橙色；而蓝色是红色的补色，当画面中的红色减少时，就会呈现蓝色，因此，在"红色输出"颜色通道中减少蓝色控制条的参数，就可以得到蓝橙色的画面效果。

STEP 04 ▶▶ 使用与上面同样的方法，分别选择第 2 段和第 3 段素材，在"RGB 混合器"面板的"红色输出"颜色通道中，设置红色控制条的参数为 1.40、绿色控制条的参数为 1.40、蓝色控制条的参数为 -1.50，如图 6-6 所示，即可完成视频的调色。

图6-6　设置相应参数（3）

STEP 05 ▶▶ 在预览窗口中可以查看第 2 段和第 3 段素材的调色效果，如图 6-7 所示。

图6-7　查看调色效果

6.2.2 剪辑素材时长

在调整素材时长时，可以直接设置需要的时长参数，系统会自动进行剪辑。下面介绍在达芬奇中剪辑素材时长的操作方法。

STEP 01 ▶▶▶ 切换至"剪辑"步骤面板，在"时间线"面板中选择第 1 段素材，在素材上单击鼠标右键，在弹出的快捷菜单中选择"更改片段时长"命令，如图 6-8 所示。

STEP 02 ▶▶▶ 弹出"更改片段时长"对话框，设置"时长"参数为 00:00:03:29，如图 6-9 所示。

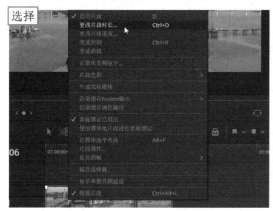

图 6-8 选择"更改片段时长"命令 　　　　 图 6-9 设置"时长"参数（1）

STEP 03 ▶▶▶ 单击"更改"按钮，即可调整第 1 段素材的时长，如图 6-10 所示。

STEP 04 ▶▶▶ 使用与上面同样的方法，将第 2 段素材的时长更改为 00:00:03:07，将第 3 段素材的时长更改为 00:00:04:00，并调整两段素材的位置，如图 6-11 所示。

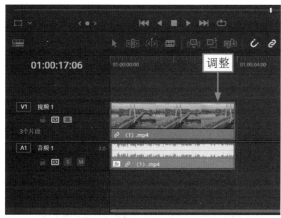

图 6-10 调整第 1 段素材的时长 　　　　 图 6-11 调整两段素材的位置

STEP 05 ▶▶▶ 在"特效库"面板中打开"工具箱"|"视频转场"选项卡，在"叠化"选项组中选择"加亮叠化"转场，如图 6-12 所示。

STEP 06 ▶▶▶ 将"加亮叠化"转场拖曳至第 2 段素材的起始位置，即可添加转场，如图 6-13 所示。

STEP 07 ▶▶▶ 使用与上面同样的方法，在第 3 段素材的起始位置添加相同的转场，如图 6-14 所示。

STEP 08 ▶▶▶ 同时选择两个转场，在"转场"选项卡中设置"时长"参数为 0.5 秒，如图 6-15 所示，缩短转场的持续时间。

图 6-12　选择"加亮叠化"转场

图 6-13　添加"加亮叠化"转场（1）

图 6-14　添加"加亮叠化"转场（2）

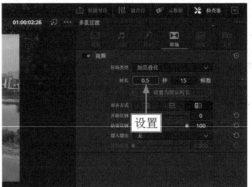

图 6-15　设置"时长"参数（2）

6.2.3　删除素材原声

在达芬奇中，素材的视频与音频是链接在一起的，如果用户想单独进行操作，需要先取消链接。下面介绍在达芬奇中删除素材原声的操作方法。

扫码看视频

STEP 01 >>> 在第 1 段素材上单击鼠标右键，在弹出的快捷菜单中选择"链接片段"命令，如图 6-16 所示。此时"链接片段"命令前方的对钩符号会消失，表示第 1 段素材视频和音频之间的链接已取消，从而可以单独进行编辑。

STEP 02 >>> 使用与上面同样的方法，取消第 2 段和第 3 段素材视频与音频之间的链接。为了避免删除音频时影响视频，在"视频 1"轨道的起始位置单击"锁定轨道"按钮■，如图 6-17 所示，将视频轨道锁定。

图 6-16　选择"链接片段"命令

图 6-17　单击"锁定轨道"按钮

STEP 03 ▷▷ 同时选择 3 段音频，如图 6-18 所示，按 Delete 键即可将它们删除。

STEP 04 ▷▷ 将背景音乐添加到"音频 1"轨道中，并调整其时长，如图 6-19 所示，即可完成视频的制作。

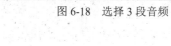

图 6-18 选择 3 段音频   图 6-19 调整背景音乐的时长

07

COLORIST

第7章 | 金橙调色：
制作《杜甫江阁》

金橙色调，顾名思义，是以金橙色为主的色调，可以增加画面
色彩的亮度和神秘感。制作金橙色调的方法比较简单，将画面的颜
色都调整为金橙色即可。本章以《杜甫江阁》为例，介绍制作金橙
调色视频的方法。

7.1 《杜甫江阁》效果展示

金橙色调非常适合用在夜景灯光视频、日出日落视频，或者画面以金色、黄色和橙色为主要颜色的视频中。

在制作《杜甫江阁》视频之前，首先来欣赏本案例的视频效果，并了解案例的学习目标、制作思路、知识讲解和要点讲堂。

7.1.1　效果欣赏

《杜甫江阁》金橙调色视频的前后效果对比如图 7-1 所示。

图 7-1　前后效果对比

7.1.2　学习目标

知识目标	掌握金橙调色视频的制作方法
技能目标	（1）掌握调出金橙色调的操作方法 （2）掌握优化画面细节的操作方法 （3）掌握进行画面降噪的操作方法
本章重点	调出金橙色调
本章难点	进行画面降噪
视频时长	3分14秒

7.1.3　制作思路

本案例首先介绍调出金橙色调的方法，然后优化画面细节，最后进行画面降噪。图 7-2 所示为本案例视频的制作思路。

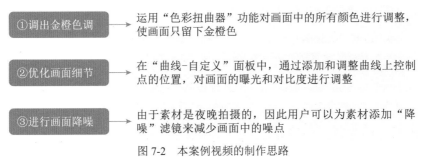

①调出金橙色调	→	运用"色彩扭曲器"功能对画面中的所有颜色进行调整，使画面只留下金橙色
②优化画面细节	→	在"曲线-自定义"面板中，通过添加和调整曲线上控制点的位置，对画面的曝光和对比度进行调整
③进行画面降噪	→	由于素材是夜晚拍摄的，因此用户可以为素材添加"降噪"滤镜来减少画面中的噪点

图 7-2　本案例视频的制作思路

7.1.4　知识讲解

《杜甫江阁》这一案例主要讲解为视频调出金橙色调的技巧，让画面只留下金橙色，从而突出画面主体，带给人更直接的视觉冲击。

7.1.5　要点讲堂

在本章内容中，会用到达芬奇的一个功能——色彩扭曲器，该功能的主要作用是单独调整画面中的某一种颜色。

为视频应用色彩扭曲器的方法为：切换至"调色"步骤面板，单击"色彩扭曲器"按钮，即可展开对应面板进行操作。

7.2　《杜甫江阁》制作流程

本节介绍金橙调色视频的制作方法，包括调出金橙色调、优化画面细节及进行画面降噪。希望大家熟练掌握本节内容，自己也可以制作出亮眼的金橙调色视频。

7.2.1　调出金橙色调

运用"色彩扭曲器"功能，可以又快又好地将画面调成想要的色调。下面介绍在达芬奇中调出金橙色调的操作方法。

STEP 01 >> 打开一个项目文件，切换至"调色"步骤面板，在"节点"面板的 01 节点后面添加两个串行节点，如图 7-3 所示。

扫码看视频

图 7-3　添加两个串行节点

STEP 02 选择 02 节点，单击"色彩扭曲器"按钮，如图 7-4 所示，展开"色彩扭曲器 - 色相 - 饱和度"面板。

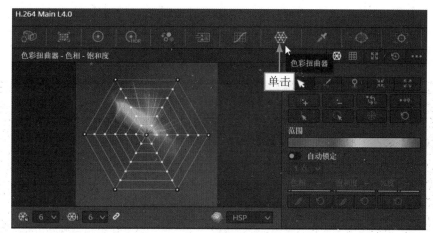

图 7-4　单击"色彩扭曲器"按钮

STEP 03 在"色彩扭曲器 - 色相 - 饱和度"面板中，用鼠标左键按住红色区域中顶部的控制点并拖曳至合适位置，如图 7-5 所示，使画面中的红色都变成橙色。

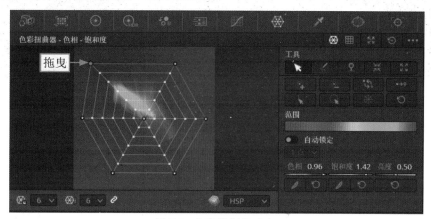

图 7-5　拖曳控制点（1）

STEP 04 使用与上面同样的方法，将其他颜色区域中顶部的控制点拖曳至红色区域顶部控制点所在的位置，如图 7-6 所示，即可调出金橙色调。

图 7-6　拖曳控制点（2）

可以将"色彩扭曲器-色相-饱和度"面板中的调节曲线看成一张蜘蛛网，网上的环形代表了不同程度的饱和度，环形越大，饱和度就越高；网上的纵轴代表了不同的颜色，拖曳纵轴顶部的控制点至其他颜色的区域中，即可更改该颜色的色相。

STEP 05 >>> 在预览窗口中可以查看画面的调色效果，如图 7-7 所示。

图 7-7　查看画面的调色效果

7.2.2　优化画面细节

在运用"色彩扭曲器"功能调出想要的色调后，还可以运用"曲线"功能对画面进行优化。下面介绍在达芬奇中优化画面细节的操作方法。

扫码看视频

STEP 01 >>> 选择 03 节点，在"曲线 - 自定义"面板的曲线上，按住 Shift 键的同时单击鼠标左键，添加 3 个控制点，如图 7-8 所示。

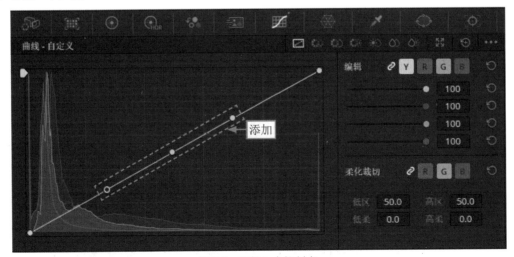

图 7-8　添加 3 个控制点

STEP 02 ▶▶▶ 向上拖曳添加的第 2 个控制点至合适位置，如图 7-9 所示，既可提亮画面的中间调部分，又不会影响画面其他部分的亮度。

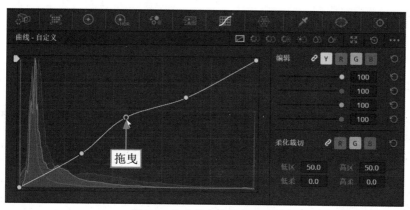

图 7-9 向上拖曳控制点（1）

STEP 03 ▶▶▶ ❶单击"色相 对 饱和度"按钮，进入相应面板；❷在预览窗口的画面中用"限定器"工具选取金橙色，选取完成后会自动在曲线上添加相应的控制点，向上拖曳第 2 个控制点至合适位置，如图 7-10 所示，使画面中的金橙色更浓郁。

图 7-10 向上拖曳控制点（2）

STEP 04 ▶▶▶ 在预览窗口中可以查看画面的优化效果，如图 7-11 所示。

图 7-11 查看画面的优化效果

7.2.3　进行画面降噪

在晚上拍摄的视频难免存在噪点，而噪点太多会使画面显得粗糙。在处理素材噪点时，可以通过添加"降噪"滤镜来进行调整。下面介绍在达芬奇中进行画面降噪的操作方法。

STEP 01 ▶▶ 选择 01 节点，在"特效库"面板的"Resolve FX 修复"选项区中选择"降噪"滤镜，如图 7-12 所示。

STEP 02 ▶▶ 将"降噪"滤镜拖曳至 01 节点上，即可为素材添加该滤镜，如图 7-13 所示。

图 7-12　选择"降噪"滤镜

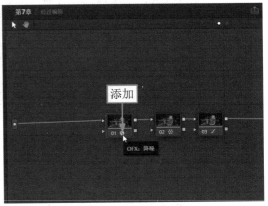

图 7-13　添加"降噪"滤镜

STEP 03 ▶▶ 在"特效库"面板的"设置"选项卡中，❶单击"时域降噪"选项区中"运动估计类型"选项右侧的下拉按钮；❷在弹出的下拉列表中选择"更好"选项，如图 7-14 所示，增强画面的降噪效果。

STEP 04 ▶▶ 在"时域阈值"选项区中，设置"亮度阈值"和"色度阈值"的参数均为 18.0，如图 7-15 所示，即可对亮度和色度为 18.0 的噪点进行处理，完成视频的制作。

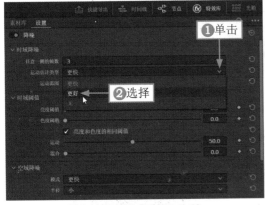

图 7-14　选择"更好"选项

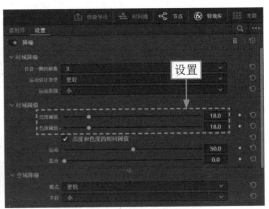

图 7-15　设置相关参数

08

COLORIST

第8章 | **赛博朋克调色：
制作《科技之城》**

　　赛博朋克色调的画面以青色和洋红色为主，整体偏蓝紫色，画面的灯光效果比较明显，具有"光污染"的视觉冲击力，但依然保留着细节，具有科技感。本章以《科技之城》为例，介绍制作赛博朋克调色视频的方法。

8.1 《科技之城》效果展示

赛博朋克色调非常适合用在灯光效果比较丰富的视频中，例如，将城市的霓虹夜景视频调成赛博朋克色调，可以增强视频的色彩对比和视觉冲击力。

在制作《科技之城》视频之前，首先来欣赏本案例的视频效果，并了解案例的学习目标、制作思路、知识讲解和要点讲堂。

8.1.1　效果欣赏

《科技之城》赛博朋克调色视频的前后效果对比如图 8-1 所示。

图 8-1　前后效果对比

8.1.2　学习目标

知识目标	掌握赛博朋克调色视频的制作方法
技能目标	（1）掌握调整画面色相的操作方法 （2）掌握营造发光氛围的操作方法 （3）掌握进行双重降噪的操作方法
本章重点	调整画面色相
本章难点	进行双重降噪
视频时长	2分57秒

8.1.3　制作思路

本案例首先介绍调整画面色相的方法，然后营造发光氛围，最后对画面进行双重降噪。图 8-2 所示为本案例视频的制作思路。

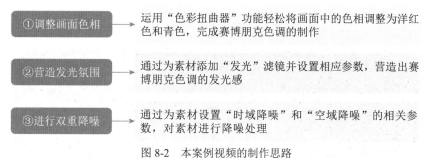

图 8-2　本案例视频的制作思路

8.1.4　知识讲解

《科技之城》这一案例主要讲解为视频调出赛博朋克色调的技巧，让画面色彩对比明显，灯光效果璀璨夺目，使画面具有未来感和科技感。

8.1.5　要点讲堂

在本章内容中，会用到达芬奇的一个功能——运动特效，该功能的主要作用是对素材画面进行降噪处理。

为视频应用运动特效的方法为：切换至"调色"步骤面板，单击"运动特效"按钮 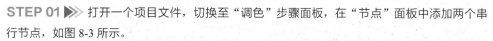，即可展开相应面板进行调整。

8.2 《科技之城》制作流程

本节介绍赛博朋克调色视频的制作方法，包括调整画面色相、营造发光氛围及进行双重降噪。希望大家熟练掌握本节内容，自己也可以制作出科技感十足的赛博朋克调色视频。

8.2.1　调整画面色相

因为赛博朋克色调以洋红色和青色为主要颜色，所以用户需要对画面的色相进行相应的调整。下面介绍在达芬奇中调整画面色相的操作方法。

扫码看视频

STEP 01 >> 打开一个项目文件，切换至"调色"步骤面板，在"节点"面板中添加两个串行节点，如图 8-3 所示。

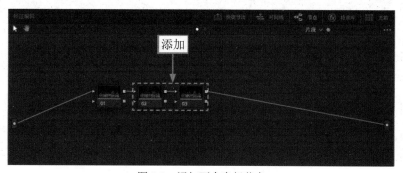

添加

图 8-3　添加两个串行节点

STEP 02 ▶▶▶ 选择 02 节点，❶单击"色彩扭曲器"按钮▦，展开"色彩扭曲器 - 色相 - 饱和度"面板；❷拖曳黄色、红色和紫色区域中顶部的控制点至相应位置，如图 8-4 所示，使画面中的黄色、红色和紫色都变成洋红色。

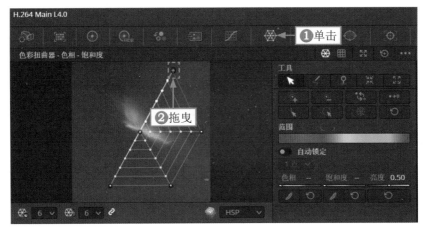

图 8-4　拖曳控制点（1）

STEP 03 ▶▶▶ 将绿色和蓝色区域中顶部的控制点拖曳至青色区域中顶部控制点的位置，如图 8-5 所示，使画面中的绿色和蓝色都变成青色，即可完成赛博朋克色调的制作。

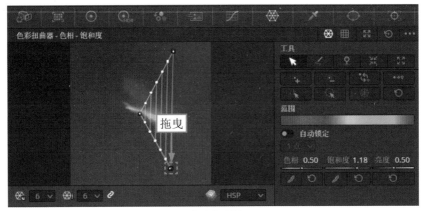

图 8-5　拖曳控制点（2）

STEP 04 ▶▶▶ 在预览窗口中可以查看画面的调色效果，如图 8-6 所示。

图 8-6　查看画面调色效果

8.2.2 营造发光氛围

除了素材本身具有的灯光外，还可以添加"发光"滤镜，让画面的灯光效果更醒目。下面介绍在达芬奇中营造发光氛围的操作方法。

扫码看视频

STEP 01 ▶▶ 在"特效库"面板的"Resolve FX 光线"选项区中，选择"发光"滤镜，如图 8-7 所示。

STEP 02 ▶▶ 将"发光"滤镜拖曳至 03 节点上，即可添加该滤镜，如图 8-8 所示。

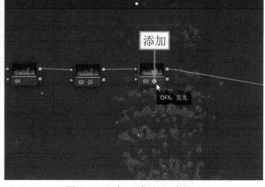

图 8-7 选择"发光"滤镜　　　　　　　图 8-8 添加"发光"滤镜

STEP 03 ▶▶ 在"设置"选项卡中，设置"闪亮阈值"参数为 0.387、"散布"参数为 0.900，如图 8-9 所示，使滤镜的亮度更高，发光范围更广。

图 8-9 设置相应参数

8.2.3 进行双重降噪

在"运动特效"面板中，降噪功能主要分为"时域降噪"和"空域降噪"两部分。其中，时域降噪主要是根据时间帧来进行降噪分析，在分析当前帧的噪点时，还会分析前后帧的噪点，对噪点进行统一处理；而空域降噪主要是对画面空间进行降噪分析，即只对当前画面进行降噪，当播放下一帧画面时，再对下一帧进行降噪。因此，如果想得到更好的降噪效果，可以同时使用时域降噪和空域降噪对素材进行处理。下面介绍在达芬奇中进行双重降噪的操作方法。

扫码看视频

STEP 01 >>> 选择 01 节点，单击"运动特效"按钮 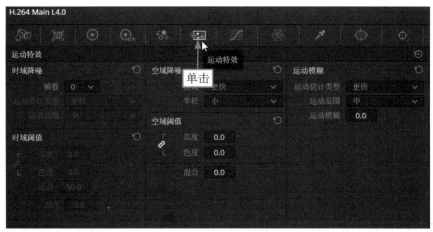，如图 8-10 所示，即可展开"运动特效"面板。

图 8-10　单击"运动特效"按钮

STEP 02 >>> 在"时域降噪"选项组中，❶单击"帧数"选项右侧的下拉按钮；❷在弹出的下拉列表中选择 3 选项，如图 8-11 所示，即可设置时域降噪的处理帧数为 3 帧。

图 8-11　选择 3 选项

STEP 03 >>> 设置"运动估计类型"为"更好"，"亮度"和"色度"参数均为 18.0，如图 8-12 所示，增强画面的降噪效果，并对亮度和色度为 18.0 的噪点进行处理。

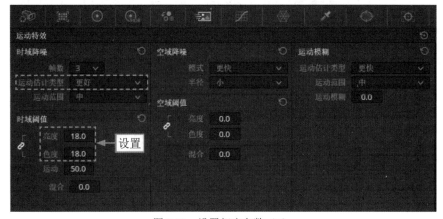

图 8-12　设置相应参数（1）

STEP 04 ▶▶ 在"空域降噪"选项组中，设置"模式"为"更好"，"亮度"和"色度"参数均为10.0，如图8-13所示，即可对当前帧画面中亮度和色度为10.0的噪点进行更好的处理。

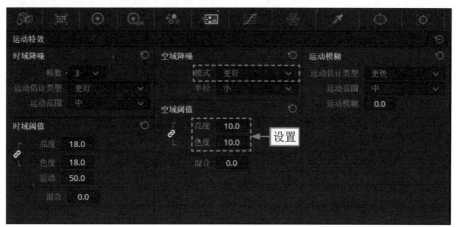

图 8-13　设置相应参数（2）

STEP 05 ▶▶ 在预览窗口中可以查看画面的降噪效果，如图8-14所示。

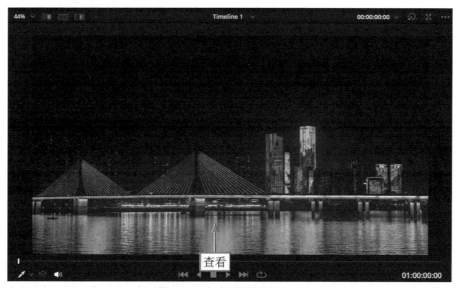

图 8-14　查看画面的降噪效果

COLORIST

第9章 | 植物调色：
制作《夏日风荷》

在光线不足或者太强的条件下拍摄的荷花，通常存在饱和度欠缺、画面曝光失衡等问题，呈现不出其出淤泥而不染的美，因此后期调色要调出对比度，用翠绿的叶子衬托粉嫩的荷花，使图片更加吸睛。本章以《夏日风荷》为例，介绍制作植物调色视频的方法。

9.1 《夏日风荷》效果展示

　　植物在日常生活中随处可见，也是拍摄门槛较低、难度较小的视频题材。在拍摄完植物视频后，应该对其进行适当的调色，还原并优化植物的色彩，从而带给人更好的视觉体验。

　　在制作《夏日风荷》视频之前，首先来欣赏本案例的视频效果，并了解案例的学习目标、制作思路、知识讲解和要点讲堂。

9.1.1 效果欣赏

　　《夏日风荷》植物调色视频的前后效果对比如图 9-1 所示。

图 9-1　前后效果对比

9.1.2　学习目标

知识目标	掌握植物调色视频的制作方法
技能目标	（1）掌握调整画面色彩的操作方法 （2）掌握对荷花进行调色的操作方法 （3）掌握合成视频字幕的操作方法
本章重点	调整画面色彩
本章难点	对荷花进行调色
视频时长	4分57秒

9.1.3　制作思路

本案例首先介绍调整画面色彩的方法，然后对荷花进行调色，最后合成视频字幕。图 9-2 所示为本案例视频的制作思路。

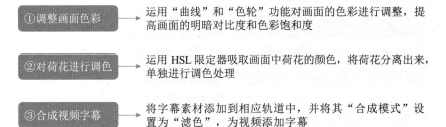

①调整画面色彩　→　运用"曲线"和"色轮"功能对画面的色彩进行调整，提高画面的明暗对比度和色彩饱和度

②对荷花进行调色　→　运用 HSL 限定器吸取画面中荷花的颜色，将荷花分离出来，单独进行调色处理

③合成视频字幕　→　将字幕素材添加到相应轨道中，并将其"合成模式"设置为"滤色"，为视频添加字幕

图 9-2　本案例视频的制作思路

专家指点　　HSL是运用最广的颜色表示法之一，其中，H（Hue）代表色相，S（Saturation）代表饱和度，L（Lightness）代表亮度。

9.1.4　知识讲解

《夏日风荷》这一案例主要讲解为植物视频进行调色的技巧，降低画面曝光度，优化画面细节，让画面中的植物色彩更鲜艳。

9.1.5　要点讲堂

在本章内容中，会用到达芬奇的一个功能——HSL 限定器，该功能的主要作用是通过"拾取器"工具📍根据素材图像的色相、饱和度及亮度来进行抠像。

为视频应用 HSL 限定器的方法为：切换至"调色"步骤面板，单击"限定器"按钮📍，展开"限定器 -HSL"面板，单击"拾取器"按钮📍，即可进行抠像。

9.2 《夏日风荷》制作流程

本节介绍植物调色视频的制作方法，包括调整画面色彩、对荷花进行调色及合成视频字幕。希望大家熟练掌握本节内容，自己也可以制作出生机勃勃的植物调色视频。

9.2.1 调整画面色彩

在对素材进行调色前，需要对素材图像进行简单的检查，比如图像是否过度曝光、饱和度浓度如何等，并针对检查出的问题对素材进行校色调整。下面介绍在达芬奇中调整画面色彩的操作方法。

扫码看视频

STEP 01 ▶▶ 打开一个项目文件，切换至"调色"步骤面板，在"曲线 - 自定义"面板中，❶单击"亮度"按钮 ⓥ，进入亮度曲线调节通道；❷调整亮度曲线两端控制点的位置，如图 9-3 所示，降低画面的曝光度，提高画面的明暗对比度。

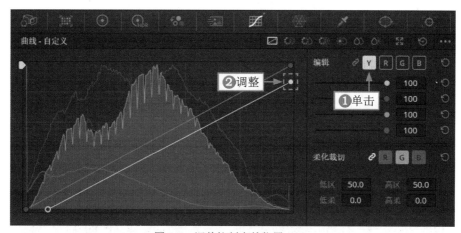

图 9-3　调整控制点的位置（1）

STEP 02 ▶▶ ❶单击"绿"按钮 ⓖ，进入绿色曲线调节通道；❷在绿色曲线上添加 1 个控制点并调整其位置，如图 9-4 所示，增加画面中绿色的饱和度及亮度。

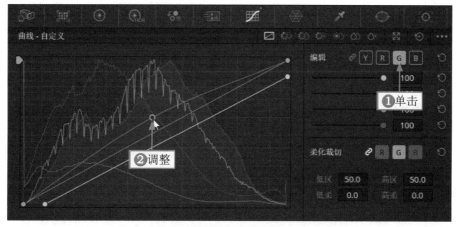

图 9-4　调整控制点的位置（2）

STEP 03 ❶单击"色轮"按钮◎，进入"一级 - 校色轮"面板；❷设置"色温"参数为 -660.0、"色调"参数为 -30.50、"饱和度"参数为 60.00，如图 9-5 所示，使画面色调偏冷、偏绿，并增加画面色彩的饱和度。

图 9-5　设置相应参数

STEP 04 在预览窗口中可以查看第 1 段素材的调色效果，如图 9-6 所示。

图 9-6　查看调色效果

STEP 05 为第 2 段素材应用第 1 段素材的调色参数，在"曲线 - 自定义"面板中，在亮度曲线上添加 3 个控制点，并调整第 1 个控制点的位置，如图 9-7 所示，降低画面高光部分的亮度。

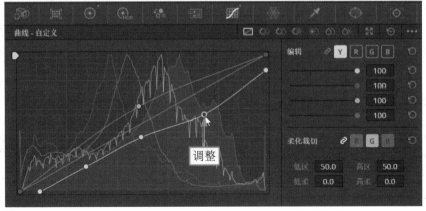

图 9-7　调整控制点的位置（3）

STEP 06 ▶▶▶ 为第 3 段素材应用第 1 段素材的调色参数，在"曲线 - 自定义"面板中，调整亮度曲线底部控制点的位置，如图 9-8 所示，提亮画面的暗部。

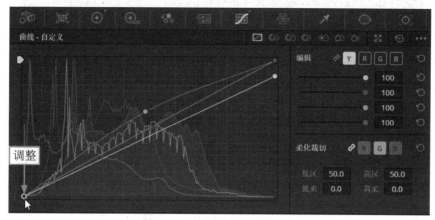

图 9-8　调整控制点的位置（4）

STEP 07 ▶▶▶ 在预览窗口中可以查看第 2 段和第 3 段素材的调色效果，如图 9-9 所示。

图 9-9　查看调色效果

9.2.2　对荷花进行调色

为了不影响画面整体效果，需要将荷花抠选出来，单独进行调色。下面介绍在达芬奇中对荷花进行调色的操作方法。

扫码看视频

STEP 01 ▶▶▶ 选择第 1 段素材，在"节点"面板中添加一个编号为 02 的串行节点，如图 9-10 所示。

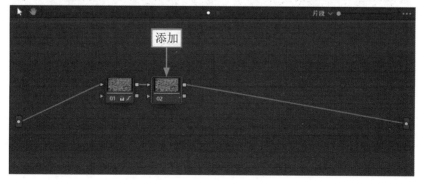

图 9-10　添加一个编号为 02 的串行节点

STEP 02 >>> ❶单击"限定器"按钮 ，展开"限定器 -HSL"面板；❷单击"拾取器"按钮 ，如图 9-11 所示。

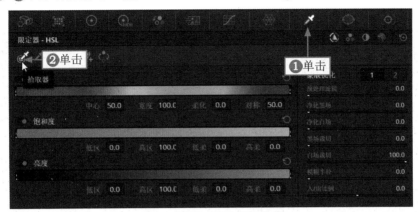

图 9-11　单击"拾取器"按钮

STEP 03 >>> ❶在"检视器"面板的上方单击"突出显示"按钮 ，便于查看选取效果；❷在画面中的荷花上单击鼠标左键，如图 9-12 所示，对荷花进行抠像。

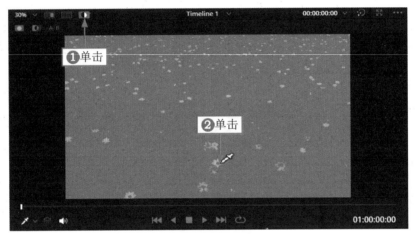

图 9-12　单击鼠标左键

STEP 04 >>> 在"限定器 -HSL"面板的"蒙版优化 1"选项区中，设置"净化白场"参数为 76.0，如图 9-13 所示，进一步优化荷花的选取效果。

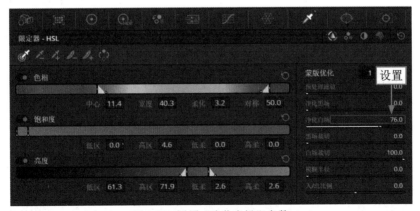

图 9-13　设置"净化白场"参数

STEP 05 ▶▶▶ 在"曲线 - 自定义"面板中，❶单击"红"按钮██，进入红色曲线调节通道；❷在红色曲线上添加一个控制点并调整其位置，如图 9-14 所示，增加荷花中红色的饱和度和亮度。

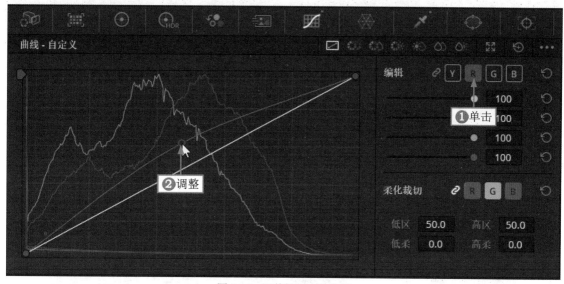

图 9-14　调整控制点的位置

STEP 06 ▶▶▶ 使用与上面同样的方法，对第 2 段和第 3 段素材中的荷花进行调色处理，效果如图 9-15 所示。

图 9-15　对第 2 段和第 3 段素材中的荷花进行调色处理的效果

9.2.3　合成视频字幕

在达芬奇中，除了为素材添加自带的标题外，还可以添加一个字幕素材并设置其合成模式，从而为视频添加字幕效果。下面介绍在达芬奇中合成视频字幕的操作方法。

扫码看视频

STEP 01 ▶▶▶ 切换至"剪辑"步骤面板，将字幕素材拖曳至"时间线"面板的"视频 2"轨道中，如图 9-16 所示。

STEP 02 ▶▶▶ 选择字幕素材，在"视频"选项卡的"合成"选项区中，❶单击"合成模式"右侧的下拉按钮；❷在弹出的下拉列表中选择"滤色"选项，如图 9-17 所示，即可去除字幕素材中的黑色，并保留白色文字，完成字幕的合成。

STEP 03 ▶▶▶ 在预览窗口中可以查看字幕合成效果，如图 9-18 所示。

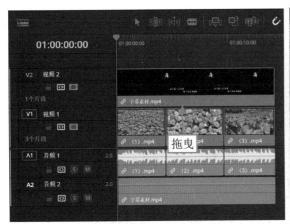

图 9-16　将字幕素材拖曳至轨道中

图 9-17　选择"滤色"选项

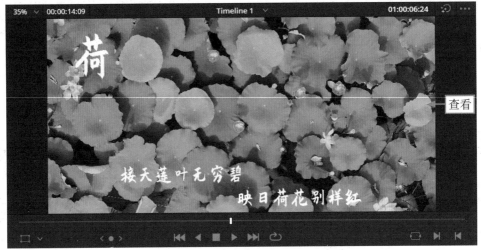

图 9-18　查看字幕合成效果

10

COLORIST

第10章 | 水面调色：
制作《水光潋滟》

　　水，是生命之源，水的重要性决定了它在人们心中的地位。当
人们看到脏乱、浑浊的水时，或多或少会产生悲伤、厌恶的情绪。
因此，除了特意展示水污染的视频外，通常需要对视频中的水面进
行调色，给观众带来赏心悦目的感觉。本章以《水光潋滟》为例，
介绍制作水面调色视频的方法。

10.1 《水光潋滟》效果展示

水在日常生活中随处可见，不管是饮用水，还是湖水、江水，大家都更喜欢清澈、澄净的水。如果拍摄的素材中水面情况不佳，就需要借助后期调色来调整。

在制作《水光潋滟》视频之前，首先来欣赏本案例的视频效果，并了解案例的学习目标、制作思路、知识讲解和要点讲堂。

10.1.1 效果欣赏

《水光潋滟》水面调色视频的前后效果对比如图10-1所示。

图10-1　前后效果对比

10.1.2 学习目标

知识目标	掌握水面调色视频的制作方法
技能目标	（1）掌握绘制蒙版遮罩的操作方法 （2）掌握调整水面色相的操作方法 （3）掌握制作发光效果的操作方法 （4）掌握调整建筑和天空区域的操作方法 （5）掌握制作菱形开场的操作方法
本章重点	调整水面的色相
本章难点	绘制蒙版遮罩
视频时长	5分46秒

10.1.3 制作思路

本案例首先介绍绘制蒙版遮罩的方法，并调整水面的色相，然后制作发光效果，并调整建筑和天空区域，最后制作菱形开场。图10-2 所示为本案例视频的制作思路。

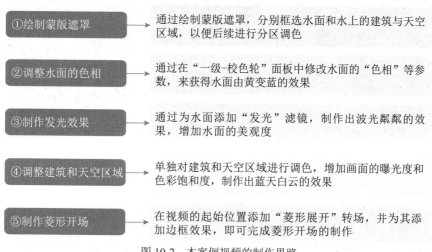

① 绘制蒙版遮罩 → 通过绘制蒙版遮罩，分别框选水面和水上的建筑与天空区域，以便后续进行分区调色

② 调整水面的色相 → 通过在"一级-校色轮"面板中修改水面的"色相"等参数，来获得水面由黄变蓝的效果

③ 制作发光效果 → 通过为水面添加"发光"滤镜，制作出波光粼粼的效果，增加水面的美观度

④ 调整建筑和天空区域 → 单独对建筑和天空区域进行调色，增加画面的曝光度和色彩饱和度，制作出蓝天白云的效果

⑤ 制作菱形开场 → 在视频的起始位置添加"菱形展开"转场，并为其添加边框效果，即可完成菱形开场的制作

图 10-2　本案例视频的制作思路

10.1.4 知识讲解

《水光潋滟》这一案例主要讲解为水面视频进行调色的技巧，让本来是黄色的水面通过调色变成蓝色，提高视频的美观度。

10.1.5 要点讲堂

在本章内容中，会用到达芬奇的一个功能——窗口，该功能的主要作用是通过使用不同形状的工具在素材图像画面中绘制蒙版遮罩，从而对蒙版遮罩区域进行局部调整。

为视频应用窗口功能的方法为：切换至"调色"步骤面板，单击"窗口"按钮 ，展开"窗口"面板，选择蒙版形状工具进行蒙版遮罩的绘制即可。

10.2 《水光潋滟》制作流程

本节介绍水面调色视频的制作方法，包括绘制蒙版遮罩、调整水面的色相、制作发光效果、调整建筑和天空区域及制作菱形开场。希望大家熟练掌握本节内容，自己也可以制作出清澈、干净的水面调色视频。

10.2.1 绘制蒙版遮罩

当画面中的不同部位需要单独进行调整时，可以通过绘制蒙版遮罩对画面进行分区，并运用"跟踪器"功能对绘制的蒙版遮罩进行跟踪，以避免在画面的运动过程中遮罩失效。下面介绍在达芬奇中绘制蒙版遮罩的操作方法。

扫码看视频

STEP 01 ▶▶ 打开一个项目文件，切换至"调色"步骤面板，在"节点"面板中添加一个 02 并行节点和一个"并行混合器"节点，如图 10-3 所示。

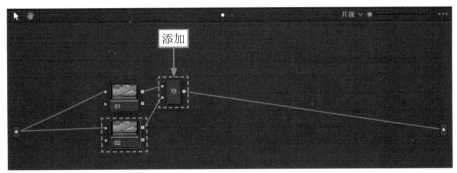

图 10-3　添加相应节点

STEP 02 ▶▶ 选择 01 节点，❶单击"窗口"按钮，展开"窗口"面板；❷单击四边形"窗口激活"按钮，如图 10-4 所示。

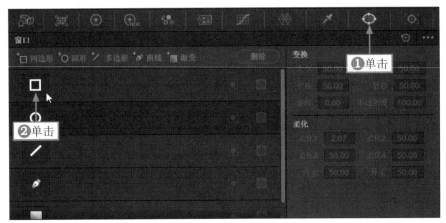

图 10-4　单击四边形"窗口激活"按钮

STEP 03 ▶▶ 执行操作后，在预览窗口中会出现一个四边形蒙版。拖曳蒙版四周的控制柄，调整蒙版的位置和大小，框选水面，如图 10-5 所示。

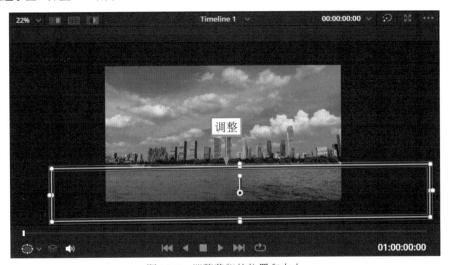

图 10-5　调整蒙版的位置和大小

专家指点
在调整蒙版的大小和位置时，可以通过将画面缩小或放大来进行更精准的框选。另外，蒙版可以适当放大一些，避免后续对蒙版进行跟踪时，由于位置变化而出现蒙版空间不足的情况。

STEP 04 >>> ❶单击"跟踪器"按钮⊕，展开"跟踪器 - 窗口"面板；❷单击"正向跟踪"按钮▶，如图 10-6 所示，即可向前跟踪蒙版框选的对象。

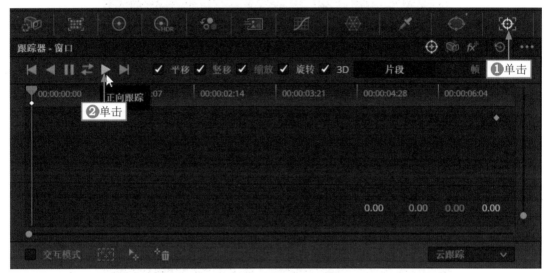

图 10-6 单击"正向跟踪"按钮

STEP 05 >>> 选择 02 节点，为其添加一个四边形蒙版，在预览窗口中调整蒙版的位置和大小，如图 10-7 所示，框选出地面上的建筑和天空区域。

图 10-7 调整蒙版的位置和大小

STEP 06 >>> 在"跟踪器 - 窗口"面板中单击"正向跟踪"按钮，如图 10-8 所示，对框选的建筑和天空区域进行跟踪。

图 10-8　单击"正向跟踪"按钮

10.2.2　调整水面的色相

扫码看视频

在本案例的素材中，水面呈现出浑浊、泛黄的状态，看起来不够美观，因此需要对水面的颜色进行调整。下面介绍在达芬奇中调整水面色相的操作方法。

STEP 01 >>> 选择 01 节点，在"一级 - 校色轮"面板中，设置"对比度"参数为 1.050、"高光"参数为 50.00、"饱和度"参数为 70.00、"色相"参数为 0.00，如图 10-9 所示，即可将水面的黄色更改为蓝色，并增加水面高光部分的亮度、整体的色彩饱和度和明暗对比度。

图 10-9　设置相应参数

STEP 02 >>> 在预览窗口中可以查看水面的调色效果，如图 10-10 所示。

图 10-10　查看调色效果

10.2.3 制作发光效果

水本身不会发光，但会反射光线，从而呈现出波光粼粼的效果。在调色时，可以为水面添加"发光"滤镜来营造闪亮的水光效果。下面介绍在达芬奇中制作发光效果的操作方法。

STEP 01 ⟫ 在"特效库"面板的"Resolve FX 光线"选项区中选择"发光"滤镜，如图 10-11 所示。

STEP 02 ⟫ 将"发光"滤镜拖曳至 01 节点上，即可添加该滤镜，如图 10-12 所示。

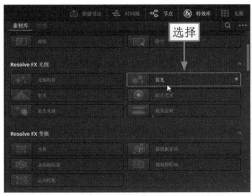

图 10-11 选择"发光"滤镜

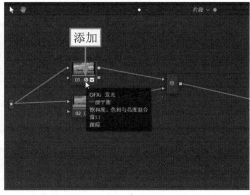

图 10-12 添加"发光"滤镜

STEP 03 ⟫ 在"设置"选项卡中，❶选中"Alpha 限制效果"复选框，让滤镜效果仅作用于水面；❷设置"闪亮阈值"参数为 0.300、"散布"参数为 0.250，如图 10-13 所示，调整滤镜的亮度和发光范围，增加水面的光感。

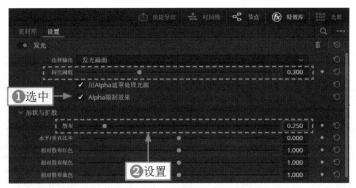

图 10-13 设置相应参数

STEP 04 ⟫ 在预览窗口中，可以查看添加"发光"滤镜后的画面效果，如图 10-14 所示。

图 10-14 查看添加滤镜后的画面效果

10.2.4　调整建筑和天空区域

扫码看视频

完成水面的调色后，就可以单独对建筑和天空区域进行调整，让画面的色调更统一。下面介绍在达芬奇中调整建筑和天空区域的操作方法。

STEP 01 >>> 选择 02 节点，在"一级 - 校色轮"面板中，设置"色调"参数为 -750.0、"对比度"参数为 1.100、"阴影"参数为 20.00、"饱和度"参数为 65.00，如图 10-15 所示，提亮画面中的暗部，增加画面的明暗对比度和色彩饱和度，使建筑和天空呈冷蓝色。

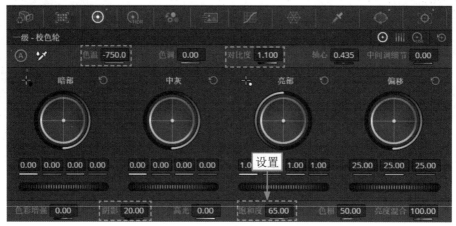

图 10-15　设置相应参数

STEP 02 >>> 在预览窗口中，可以查看画面的调色效果，如图 10-16 所示。

图 10-16　查看调色效果

10.2.5　制作菱形开场

扫码看视频

在运用视频转场制作片头效果时，除了设置转场的持续时长外，还可以为转场添加边框效果，以及设置边框的宽度和颜色。下面介绍在达芬奇中制作菱形开场的操作方法。

STEP 01 >>> 切换至"剪辑"步骤面板，在"特效库"面板的"视频转场"选项卡中，选择"菱形展开"转场，如图 10-17 所示。

STEP 02 >>> 将"菱形展开"转场拖曳至视频的起始位置，即可添加该转场，如图 10-18 所示，制作出菱形开场的效果。

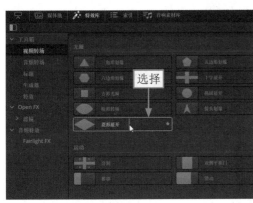

图 10-17 选择"菱形展开"转场 图 10-18 添加"菱形展开"转场

STEP 03 ≫ 选择"菱形展开"转场，在"转场"选项卡中，设置"时长"参数为 1.5 秒、"边框"参数为 10.000，如图 10-19 所示，增加"菱形展开"转场的持续时长，并增加边框的宽度，使边框显现出来。

STEP 04 ≫ 单击"色彩"选项右侧的色块，弹出"选择颜色"对话框，设置"红色"参数为 113、"绿色"参数为 108，如图 10-20 所示，单击 OK 按钮，即可修改转场的边框颜色。

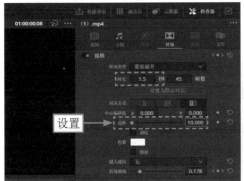

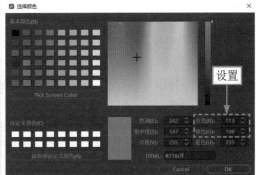

图 10-19 设置相应参数（1） 图 10-20 设置相应参数（2）

STEP 05 ≫ 在预览窗口中，可以查看制作的开场效果，如图 10-21 所示。

图 10-21 查看开场效果

COLORIST

第11章　美食调色：
制作《热爱生活》

很多人在上菜之后的第一件事是拍下美食的样子，再来品尝美食的味道。这些拍摄的素材既可以记录日常生活，又可以为日后回味美食提供画面参考，因此需要掌握对美食视频进行调色的方法，使食物色泽更诱人。本章以《热爱生活》为例，介绍制作美食调色视频的方法。

11.1 《热爱生活》效果展示

在对美食视频进行调色时，要尽量还原食物本身的颜色和质感，注意，不要盲目地追求过度饱和的色调，以免让食物显得不真实。

在制作《热爱生活》视频之前，首先来欣赏本案例的视频效果，并了解案例的学习目标、制作思路、知识讲解和要点讲堂。

11.1.1 效果欣赏

《热爱生活》美食调色视频的前后效果对比如图 11-1 所示。

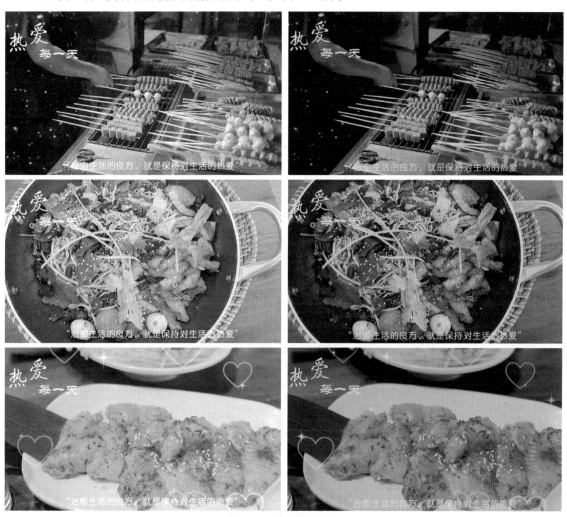

图 11-1　前后效果对比

11.1.2 学习目标

知识目标	掌握美食调色视频的制作方法
技能目标	（1）掌握稳定素材画面的操作方法 （2）掌握调节画面色彩的操作方法 （3）掌握对画面进行降噪的操作方法
本章重点	稳定素材画面
本章难点	调节画面色彩
视频时长	2分26秒

11.1.3 制作思路

本案例首先介绍稳定素材画面的方法，然后调节画面色彩，最后对画面进行降噪。图 11-2 所示为本案例视频的制作思路。

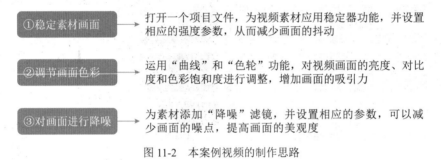

① 稳定素材画面 → 打开一个项目文件，为视频素材应用稳定器功能，并设置相应的强度参数，从而减少画面的抖动

② 调节画面色彩 → 运用"曲线"和"色轮"功能，对视频画面的亮度、对比度和色彩饱和度进行调整，增加画面的吸引力

③ 对画面进行降噪 → 为素材添加"降噪"滤镜，并设置相应的参数，可以减少画面的噪点，提高画面的美观度

图 11-2　本案例视频的制作思路

11.1.4 知识讲解

《热爱生活》这一案例主要讲解为美食视频进行调色的技巧，降低画面的曝光度，还原画面的细节，增加美食的诱惑力。

11.1.5 要点讲堂

在本章内容中，会用到达芬奇的一个功能——稳定器，该功能的主要作用是稳定抖动的视频画面，帮助用户制作出效果更好的作品。

为视频应用稳定器有两种方法：第一种方法是切换至"调色"步骤面板，单击"跟踪器"按钮，在展开的面板中单击"稳定器"按钮，在"跟踪器 - 稳定器"面板中设置相应参数，单击"稳定"按钮；第二种方法是在"剪辑"步骤面板的"检查器"面板中，展开"视频"选项卡中的"稳定"选项区，进行稳定操作。

11.2 《热爱生活》制作流程

本节介绍美食调色视频的制作方法，包括稳定素材画面、调节画面色彩及对画面进行降噪。希望大家熟练掌握本节内容，自己也可以制作出色泽诱人的美食调色视频。

11.2.1 稳定素材画面

当用户手持设备进行拍摄时，拍出来的视频往往会出现画面抖动的情况，因此经常需要对画面进行稳定处理。下面介绍在达芬奇中稳定素材画面的操作方法。

扫码看视频

STEP 01 ➤➤ 打开一个项目文件，在"剪辑"步骤面板的"检查器"面板中，展开"稳定"选项区，如图 11-3 所示。

STEP 02 ➤➤ 在"稳定"选项区中，❶设置"强度"参数为 0.200，调整稳定器的作用强度；❷单击"稳定"按钮，如图 11-4 所示。

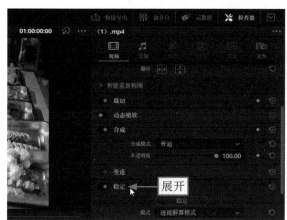

图 11-3 展开"稳定"选项区　　　　　　　　图 11-4 单击"稳定"按钮

STEP 03 ➤➤ 执行操作后，弹出"视频稳定"对话框，如图 11-5 所示，开始进行画面稳定处理。

图 11-5 "视频稳定"对话框

11.2.2 调节画面色彩

在拍摄美食视频时，画面可能会因为拍摄时间和环境灯光的作用而出现过曝、色彩失真的情况，因此需要将画面的曝光和饱和度调整到合适的状态。下面介绍在达芬奇中调节画面色彩的操作方法。

扫码看视频

STEP 01 ➤➤ 切换至"调色"步骤面板，在"曲线 - 自定义"面板中，❶调整曲线两端控制点的位置，降低画面最亮部分和最暗部分的亮度；❷在曲线上添加一个控制点并调整其位置，如图 11-6 所示，降低画面中间调部分的亮度，从而降低画面整体的曝光度。

STEP 02 ➤➤ 在"一级 - 校色轮"面板中，设置"对比度"参数为 1.100、"阴影"参数为 -40.00、"饱和度"参数为 70.00，如图 11-7 所示，增加画面的明暗对比度和色彩饱和度。

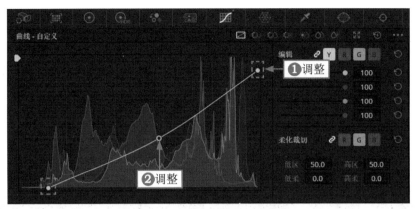

图 11-6　调整控制点的位置

图 11-7　设置相应参数

STEP 03 》》 在预览窗口中，可以查看画面的调色效果，如图 11-8 所示。

图 11-8　查看画面调色效果

11.2.3　对画面进行降噪

过多的噪点会让画质变得粗糙、模糊，从而影响食物的质感，因此降噪是处理美食视频不可或缺的一个步骤。下面介绍在达芬奇中对画面进行降噪的操作方法。

扫码看视频

STEP 01 ▶▶ 在"节点"面板的 01 节点后面添加一个编号为 02 的串行节点，如图 11-9 所示。

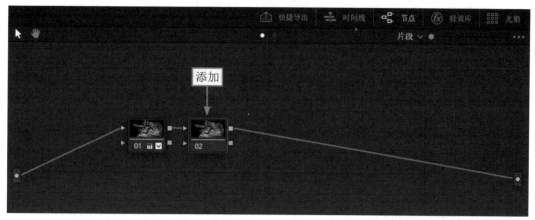

图 11-9　添加串行节点

STEP 02 ▶▶ ❶展开"特效库"面板；❷在"Resolve FX 修复"选项区中选择"降噪"滤镜，如图 11-10 所示。

STEP 03 ▶▶ 将"降噪"滤镜拖曳至 02 节点上，即可为视频添加该滤镜，如图 11-11 所示。

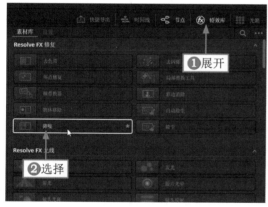

图 11-10　选择"降噪"滤镜

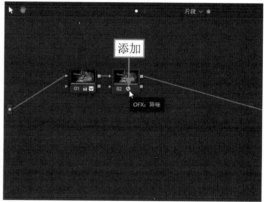

图 11-11　添加"降噪"滤镜

STEP 04 ▶▶ 在"设置"选项卡中，设置"运动估计类型"为"更好"，"模式"为"更好"，"亮度阈值"和"色度阈值"的参数均为 10.0，如图 11-12 所示，即可运用时域降噪和空域降噪两种方法对画面进行降噪处理。

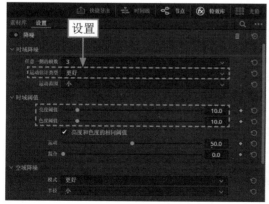
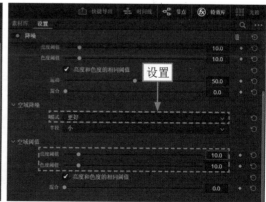

图 11-12　设置相应参数

STEP 05 >> 在预览窗口中，可以查看画面的降噪效果，如图 11-13 所示。

图 11-13　查看画面降噪效果

12

COLORIST

| 第12章 | 夕阳调色：
制作《唯美落日》 |

　　夕阳的色彩一般都是橙红色的，就如同火把的颜色，嫣红又绚烂，调色要点也是突出画面中的橙红色。另外，伴随着夕阳一同出现的还有绚丽的晚霞，调出多彩的晚霞也是夕阳调色中不可或缺的一步。本章以《唯美落日》为例，介绍制作夕阳调色视频的方法。

12.1 《唯美落日》效果展示

唯美的夕阳往往能引起人们无限的感慨和遐想，而颜色艳丽的夕阳调色视频，更能为人们带来美的视觉感受。

在制作《唯美落日》视频之前，首先来欣赏本案例的视频效果，并了解案例的学习目标、制作思路、知识讲解和要点讲堂。

12.1.1 效果欣赏

《唯美落日》夕阳调色视频的前后效果对比如图 12-1 所示。

图 12-1　前后效果对比

12.1.2 学习目标

知识目标	掌握夕阳调色视频的制作方法
技能目标	（1）掌握导入竖屏素材的操作方法 （2）掌握调整整体色彩的操作方法 （3）掌握创建蒙版遮罩的操作方法 （4）掌握进行局部调色的操作方法
本章重点	调整整体色彩
本章难点	进行局部调色
视频时长	4分56秒

12.1.3　制作思路

本案例首先介绍导入竖屏素材的方法，并调整整体色彩，然后创建蒙版遮罩，最后进行局部调色。图 12-2 所示为本案例视频的制作思路。

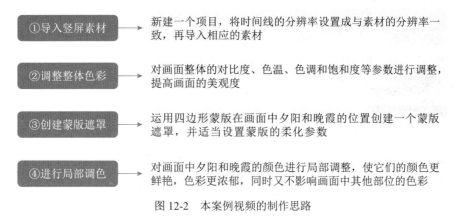

图 12-2　本案例视频的制作思路

12.1.4　知识讲解

《唯美落日》这一案例主要讲解为夕阳视频进行调色的技巧，让画面整体更加美观，夕阳和晚霞的颜色更加饱满。

12.1.5　要点讲堂

在本章内容中，会用到达芬奇的一个功能——跟踪器，该功能的主要作用是对设置的窗口遮罩、稳定效果和 FX 特效进行持续跟踪，让设置的效果持续作用于选中的区域或素材。

为视频应用跟踪器的方法为：切换至"调色"步骤面板，单击"跟踪器"按钮，即可展开相应的面板进行设置。

12.2　《唯美落日》制作流程

本节介绍夕阳调色视频的制作方法，包括导入竖屏素材、调整整体色彩、创建蒙版遮罩及进行局部调色。希望大家熟练掌握本节内容，自己也可以制作出唯美、浪漫的夕阳调色视频。

12.2.1　导入竖屏素材

在设置时间线的分辨率时，要先了解素材的分辨率，这样才能将两者设置得一样。下面介绍在达芬奇中导入竖屏素材的操作方法。

扫码看视频

STEP 01 >>> 在要导入的素材上单击鼠标右键，在弹出的快捷菜单中选择"属性"命令，如图 12-3 所示。

STEP 02 >>> 执行操作后，弹出"（1）.mp4 属性"对话框，❶切换至"详细信息"选项卡；❷即可在"视频"选项区中查看素材的分辨率，如图 12-4 所示。

图 12-3　选择"属性"命令　　　　　　　　　　图 12-4　查看素材的分辨率

STEP 03 ▶▶ 新建一个项目文件，在"剪辑"步骤面板中选择"文件"|"项目设置"命令，如图 12-5 所示。

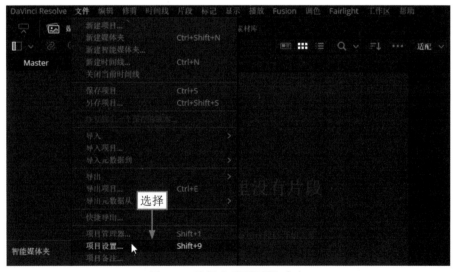

图 12-5　选择"项目设置"命令

STEP 04 ▶▶▶ 弹出"项目设置：Untitled Project 1"对话框，切换到"主设置"选项卡，❶设置"时间线分辨率"为 1080×1614；❷选中"使用竖屏分辨率"复选框；❸设置"时间线帧率"为 30 帧 / 秒，如图 12-6 所示，下方的"播放帧率"会自动变成 30 帧 / 秒。

STEP 05 ▶▶ 单击"保存"按钮，即可完成时间线的设置。在"媒体池"面板中单击鼠标右键，在弹出的快捷菜单中选择"导入媒体"命令，如图 12-7 所示。

STEP 06 ▶▶ 弹出"导入媒体"对话框，选择相应素材，如图 12-8 所示，然后单击"打开"按钮，即可将素材导入"媒体池"面板中。

STEP 07 ▶▶ 将素材拖曳至"时间线"面板的"视频 1"轨道中，如图 12-9 所示，即可完成素材的导入。

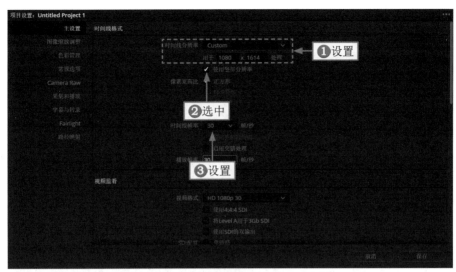

图 12-6 设置"时间线帧率"参数

图 12-7 选择"导入媒体"命令   图 12-8 选择相应素材

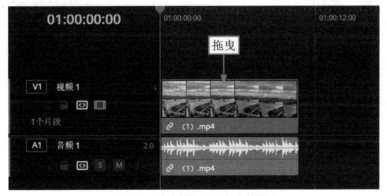

图 12-9 将素材拖曳至相应轨道中

12.2.2 调整整体色彩

可以在相应面板中对素材进行色彩调整、一级调色、二级调色和降噪等操作，以最大限度地满足用户对素材的调色需求。下面介绍在达芬奇中调整整体色彩的操作方法。

扫码看视频

STEP 01 ▶▶▶ 切换至"调色"步骤面板,在"一级 - 校色轮"面板中,设置"色温"参数为 500.0、"色调"参数为 50.00、"对比度"参数为 1.100、"阴影"参数为 -30.00、"饱和度"参数为 60.00,如图 12-10 所示,使画面的色调偏暖,并提高画面的明暗对比度和色彩饱和度。

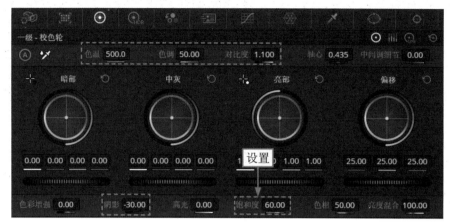

图 12-10 设置相应参数

STEP 02 ▶▶▶ 在"检视器"面板中,❶单击"分屏"按钮▦;❷设置分屏模式为"调色版本和原始图像";❸即可在预览区域直接查看调色前后的效果对比,如图 12-11 所示。

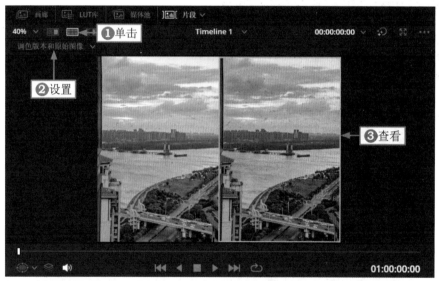

图 12-11 查看调色前后的效果对比

12.2.3 创建蒙版遮罩

如果创建蒙版遮罩的对象是运动的,那么在调整好蒙版遮罩的大小后还需要对其进行跟踪,以确保后续的调色处理能继续作用在对应的区域。下面介绍在达芬奇中创建蒙版遮罩的操作方法。

扫码看视频

STEP 01 ▶▶▶ 在"节点"面板的 01 节点后面添加一个编号为 02 的串行节点,如图 12-12 所示。

STEP 02 ▶▶▶ ❶单击"窗口"按钮◐,展开"窗口"面板;❷单击四边形"窗口激活"按钮■,如图 12-13 所示,创建一个四边形蒙版。

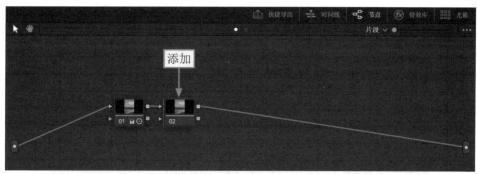

图 12-12　添加一个串行节点

图 12-13　单击四边形"窗口激活"按钮

STEP 03 >>> 在预览窗口中，调整四边形蒙版的大小和位置，如图 12-14 所示。

图 12-14　调整四边形蒙版的大小和位置

STEP 04 >>> 在"窗口"面板的"柔化"选项组中，设置"柔化 2"参数为 9.00、"柔化 4"参数为 6.00，如图 12-15 所示，在蒙版的上下设置柔化效果。

图 12-15　设置相应参数

STEP 05 ▶▶▶ ❶单击"跟踪器"按钮 ⊕，展开"跟踪器 - 窗口"面板；❷单击"正向跟踪"按钮 ▶，如图 12-16 所示，对创建的蒙版遮罩进行跟踪。

图 12-16　单击"正向跟踪"按钮

12.2.4　进行局部调色

在对画面中的某些部分进行调色时，既要调出需要的效果，又不能调得过火，以免使这部分画面与整体显得不和谐。下面介绍在达芬奇中进行局部调色的操作方法。

STEP 01 ▶▶▶ 打开"曲线 - 自定义"面板，在曲线上添加一个控制点并调整其位置，如图 12-17 所示，降低画面中间调部分的亮度。

扫码看视频

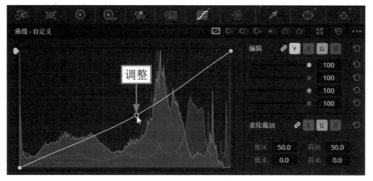

图 12-17　调整控制点的位置

STEP 02 ▶▶▶ ❶单击"饱和度 对 饱和度"按钮 ◨，展开相应面板；在低饱和区和中间调位置分别添加一个控制点。❷向上拖曳低饱和区的控制点，如图 12-18 所示，增加画面中低饱和区的色彩浓度。

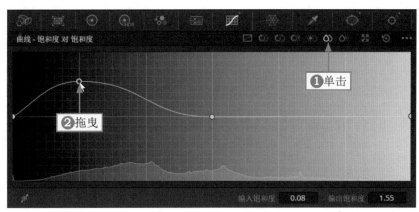

图 12-18 向上拖曳控制点

STEP 03 ▶▶ 在预览窗口中，可以查看画面调色的前后对比，如图 12-19 所示。

图 12-19 查看画面调色的前后对比

13

COLORIST

第13章 | 旅行视频调色：
制作《泸沽湖》

现在越来越多的人喜欢通过拍摄视频来记录旅行时看见的风
景，遇见的人和事，旅行也是Vlog（video blog或video log，视频博
客、视频网络日志）中热门的视频内容。要制作出好看、具有纪
念意义的旅行视频，除了拍摄好的素材外，还要掌握正确的调色
方法。本章以《泸沽湖》为例，介绍对旅行视频进行调色的操作
方法。

13.1　《泸沽湖》效果展示

可以将旅行过程中拍摄的视频，根据某个主题挑选出相应的素材，通过调色、剪辑等操作制作成一个旅行纪念视频。

在制作《泸沽湖》视频之前，首先来欣赏本案例的视频效果，并了解案例的学习目标、制作思路、知识讲解和要点讲堂。

13.1.1　效果欣赏

《泸沽湖》旅行视频调色的前后效果对比如图 13-1 所示。

图 13-1　前后效果对比

13.1.2　学习目标

知识目标	掌握旅行视频的调色方法
技能目标	（1）掌握对视频进行调色的操作方法 （2）掌握分割并删除素材的操作方法 （3）掌握将轨道静音的操作方法
本章重点	对视频进行调色
本章难点	将轨道静音
视频时长	4分26秒

13.1.3　制作思路

本案例首先介绍如何导入素材，并对素材进行调色，然后将轨道静音，添加新的背景音乐。图 13-2 所示为本案例视频的制作思路。

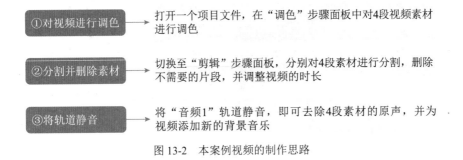

①对视频进行调色 ⟶ 打开一个项目文件，在"调色"步骤面板中对4段视频素材进行调色

②分割并删除素材 ⟶ 切换至"剪辑"步骤面板，分别对4段素材进行分割，删除不需要的片段，并调整视频的时长

③将轨道静音 ⟶ 将"音频1"轨道静音，即可去除4段素材的原声，并为视频添加新的背景音乐

图 13-2　本案例视频的制作思路

13.1.4　知识讲解

《泸沽湖》这一案例主要讲解为旅行视频进行调色的技巧，使 4 段素材的画面色调变得统一，让视频整体更和谐、美观。

13.1.5　要点讲堂

在本章内容中，会用到达芬奇的一个功能——静音，该功能的主要作用是关闭轨道中音频的音量，从而在播放视频时不会播放该轨道中的音频。

为视频应用静音功能的方法为：在要静音的音频轨道的起始位置单击"静音轨道"按钮Ⓜ。

13.2　《泸沽湖》制作流程

本节介绍旅行视频的调色方法，包括对视频进行调色、分割并删除素材以及将轨道静音。希望大家熟练掌握本节内容，自己也可以对旅行时拍摄的视频素材进行调色处理。

扫码看视频

13.2.1 对视频进行调色

在对多个素材进行调色时，可以先对其中一个素材进行调色，再为其他素材应用该素材的调色参数，最后根据各个素材的情况进行调整。下面介绍在达芬奇中对视频进行调色的操作方法。

STEP 01 >>> 打开一个项目文件，切换至"调色"步骤面板，在"一级 - 校色轮"面板中，设置"色温"参数为 -1050.0、"对比度"参数为 1.100、"阴影"参数为 -38.50、"饱和度"参数为 70.00，如图 13-3 所示，使画面色调偏冷，并增加画面的明暗对比度和色彩浓度。

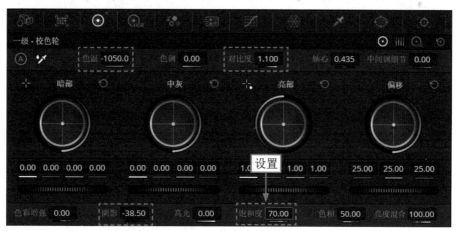

图 13-3 设置相应参数

STEP 02 >>> ❶单击"曲线"按钮；❷在"曲线 - 自定义"面板中单击"蓝"按钮，如图 13-4 所示，进入蓝色曲线调节通道。

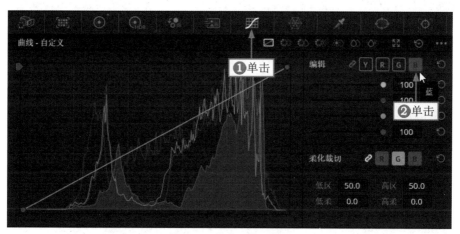

图 13-4 单击"蓝"按钮

STEP 03 >>> 在蓝色曲线上添加 1 个控制点，并调整其位置，如图 13-5 所示，增加画面中高光部分蓝色的亮度和饱和度。

STEP 04 >>> 在预览窗口中，可以查看第 1 段素材的调色效果，如图 13-6 所示。

STEP 05 >>> 在"节点"面板中选择第 2 段素材，在第 1 段素材上单击鼠标右键，在弹出的快捷菜单中选择"应用调色"命令，如图 13-7 所示，即可为第 2 段素材应用第 1 段素材的调色参数。

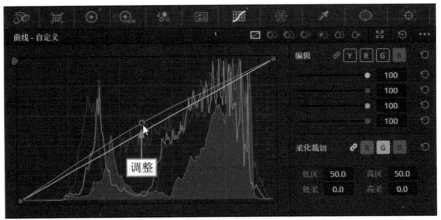

图 13-5　调整控制点的位置（1）

图 13-6　查看调色效果

图 13-7　选择"应用调色"命令

STEP 06 ▶▶▶ 使用与上面同样的方法，为第 3 段和第 4 段素材应用第 1 段素材的调色参数。选择第 3 段素材，在"曲线 - 自定义"面板中，❶单击"亮度"按钮 ▼，进入亮度曲线调节通道；在亮度曲线上添加 1 个控制点。❷调整 3 个控制点的位置，如图 13-8 所示，降低画面的曝光度。

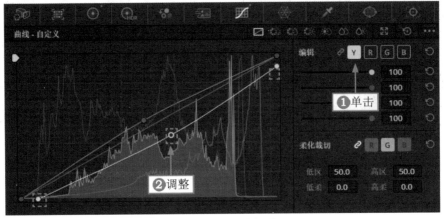

图 13-8　调整控制点的位置（2）

STEP 07 ▶▶▶ 选择第 4 段素材，在"一级 - 校色轮"面板中，设置"阴影"参数为 0.00，如图 13-9 所示，提亮画面中的黑色区域，完成视频的调色处理。

图 13-9 设置"阴影"参数

13.2.2 分割并删除素材

视频的时长并不是越长越好，适当对素材进行分割和删除处理，有利于突出素材的亮点，使视频更精彩。下面介绍在达芬奇中分割并删除素材的操作方法。

扫码看视频

STEP 01 ▶▶▶ 切换至"剪辑"步骤面板，单击"刀片编辑模式"按钮▤▤，如图 13-10 所示，此时鼠标指针变成刀片工具图标▤▤。

STEP 02 ▶▶▶ 使用刀片工具▤▤分别在 00:00:03:08、00:00:09:21、00:00:15:12、00:00:19:14 和 00:00:23:27 的位置对素材进行分割，如图 13-11 所示。

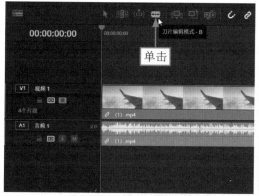

图 13-10 单击"刀片编辑模式"按钮　　　　　　图 13-11 对素材进行分割

STEP 03 ▶▶▶ ❶单击"选择模式"按钮▶；❷依次选择并删除不需要的片段，调整视频的时长，如图 13-12 所示。

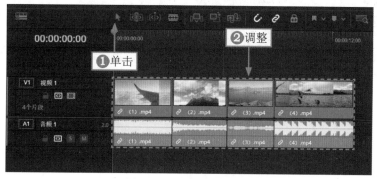

图 13-12 调整视频的时长

13.2.3　将轨道静音

如果想删除素材中自带的音乐，可以取消视频和音频之间的链接后单独删除音乐；也可以将音频的音量设置为 0；还可以直接将音频轨道静音。下面介绍在达芬奇中将轨道静音的操作方法。

STEP 01 ▶▶ 在"音频 1"轨道的起始位置单击"静音轨道"按钮 M，如图 13-13 所示，该按钮会变成红色 M，表示该轨道已被静音。

STEP 02 ▶▶ 在"媒体池"面板中选择背景音乐，如图 13-14 所示。

图 13-13　单击"静音轨道"按钮　　　　　　　　图 13-14　选择背景音乐

STEP 03 ▶▶ 将背景音乐拖曳至"时间线"面板的"音频 2"轨道中，即可为视频添加背景音乐，如图 13-15 所示。

STEP 04 ▶▶ 使用刀片工具 ▦ 在视频的结束位置对背景音乐进行分割，选择分割出的后半段背景音乐，如图 13-16 所示，按 Delete 键，即可删除不需要的音频片段。

图 13-15　添加背景音乐　　　　　　　　图 13-16　选择分割出的后半段背景音乐

STEP 05 >> 在预览窗口中，可以查看视频的最终效果，如图 13-17 所示。

图 13-17　查看视频的最终效果

14

COLORIST

第14章 | 生成延时视频：
制作《城市一角》

　　达芬奇不仅简单好用，而且容易上手。只要熟悉了软件的基本
操作方法，就能轻松驾驭，并制作出想要的视频效果，例如，将拍
摄的延时照片轻松制作成延时视频，并进行调色。本章以《城市一
角》为例，介绍运用达芬奇生成延时视频的操作方法。

14.1 《城市一角》效果展示

延时视频是由多张照片组合在一起的视频。用户可以先在 Photoshop 中对图片进行调色，并将其导出为 .jpg 格式，然后在达芬奇软件中进行视频的生成和制作。

在制作《城市一角》延时视频之前，首先来欣赏本案例的视频效果，并了解案例的学习目标、制作思路、知识讲解和要点讲堂。

14.1.1 效果欣赏

《城市一角》延时视频的效果展示如图 14-1 所示。

图 14-1　效果展示

14.1.2 学习目标

知识目标	掌握延时视频的制作方法
技能目标	（1）掌握设置时间线属性的操作方法 （2）掌握设置帧显示模式的操作方法 （3）掌握进行变速处理的操作方法 （4）掌握进行调色处理的操作方法 （5）掌握添加背景音乐的操作方法
本章重点	设置帧显示模式
本章难点	进行调色处理
视频时长	4分23秒

14.1.3 制作思路

本案例首先介绍设置时间线属性的方法，并设置帧显示模式，然后进行变速和调色处理，最后添加背景音乐。图 14-2 所示为本案例视频的制作思路。

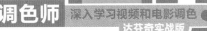

①设置时间线属性	新建一个项目，在"项目设置"面板中对时间线的分辨率和帧率进行设置
②设置帧显示模式	切换至"媒体"步骤面板，先在"媒体存储"面板中对帧显示模式进行设置，再导入相应素材，制作成延时视频
③进行变速处理	对延时视频进行变速处理，在加快视频播放速度的同时，缩短视频的时长
④进行调色处理	在"调色"步骤面板中，运用"色轮"和"曲线"功能对延时视频的色彩进行调节
⑤添加背景音乐	为延时视频添加合适的背景音乐，并根据视频的时长选取合适的音乐片段

图 14-2　本案例视频的制作思路

14.1.4　知识讲解

《城市一角》这一案例主要讲解制作延时视频的技巧，在达芬奇中将拍摄的 300 多张延时照片制作成一个视频，并对其进行变速、调色和添加音乐等处理。

14.1.5　要点讲堂

在本章内容中，会用到达芬奇的一个功能——帧显示模式，该功能的主要作用是将导入的素材按帧或按序列的形式进行显示。

为视频设置帧显示模式的方法为：切换至"媒体"步骤面板，在"媒体存储"面板中单击███按钮，在弹出的列表框中选择相应的帧显示模式即可。

14.2 《城市一角》制作流程

本节介绍延时视频的制作方法，包括设置时间线属性、设置帧显示模式、进行变速处理、进行调色处理以及添加背景音乐。希望大家熟练掌握本节内容，自己也可以制作出精美的延时视频。

14.2.1　设置时间线属性

扫码看视频

在设置时间线属性时，设置的帧率参数决定了导入的延时照片生成的视频时长。下面介绍在达芬奇中设置时间线属性的操作方法。

STEP 01 ⟫⟫　新建一个项目文件，在工作界面的右下角单击"项目设置"按钮 ⚙，如图 14-3 所示。

图 14-3　单击"项目设置"按钮

STEP 02 ▶▶▶ 执行操作后，弹出"项目设置：Untitled Project 4"对话框，在"主设置"选项卡中，❶设置"时间线分辨率"为2700×1800；❷设置"时间线帧率"为30帧/秒，如图14-4所示，下方的"播放帧率"会自动变成30帧/秒，单击"保存"按钮，即可完成设置。

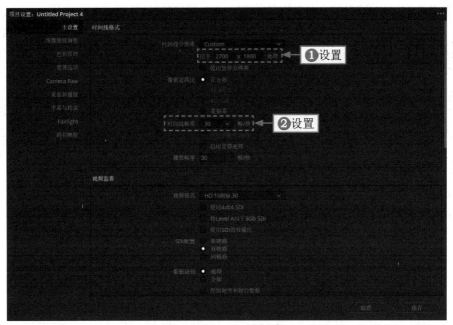

图 14-4　设置"时间线帧率"

14.2.2　设置帧显示模式

在达芬奇中，帧显示有3种模式可以选择，分别是自动、单个和序列。在制作延时视频时，需要将帧显示模式设置成序列，这样才能让延时照片按照序列显示，从而生成延时视频。下面介绍在达芬奇中设置帧显示模式的操作方法。

STEP 01 ▶▶▶ 在工作界面的底部单击"媒体"按钮，如图14-5所示，切换至"媒体"步骤面板。

图 14-5　单击"媒体"按钮

STEP 02 ▶▶▶ 在"媒体存储"面板右上方，❶单击 ▪▪▪ 按钮；❷在弹出的列表框中选择"帧显示模式"|"序列"选项，如图14-6所示。

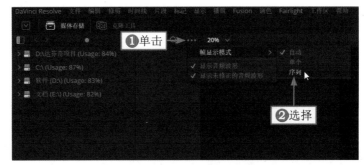

图 14-6　选择"序列"选项

127

STEP 03 ▶▶ 执行操作后，即可更改帧显示模式。将延时照片所在的文件夹拖曳至"媒体存储"面板中，即可让所有照片以序列的形式显示在面板中，从而自动生成一个视频，如图 14-7 所示。

STEP 04 ▶▶ 将生成的视频素材拖曳至"媒体池"面板中，如图 14-8 所示。

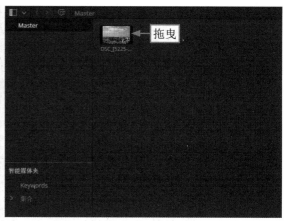

图 14-7　自动生成一个视频　　　　　　图 14-8　将素材拖曳至"媒体池"面板中

STEP 05 ▶▶ 切换至"剪辑"步骤面板，将"媒体池"面板中的素材拖曳至"时间线"面板的"视频 1"轨道中，如图 14-9 所示，即可完成素材的导入。

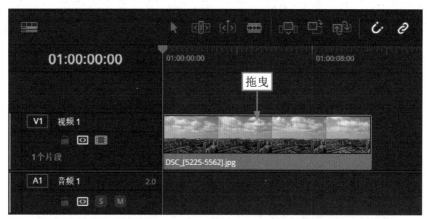

图 14-9　将素材拖曳至轨道中

 专家指点　　在达芬奇中，除了"交付"步骤面板外，其他步骤面板中都有"媒体池"面板，并且面板都是相通的。

14.2.3　进行变速处理

在达芬奇中，可以对素材分段进行变速，也可以对素材整体进行变速。下面介绍在达芬奇中进行变速处理的操作方法。

扫码看视频

STEP 01 ▶▶ 在素材上单击鼠标右键，在弹出的快捷菜单中选择"更改片段速度"命令，如图 14-10 所示。

STEP 02 ▶▶ 执行操作后，弹出"更改片段速度"对话框，❶设置"速度"参数为150%；❷单击"更改"按钮，如图 14-11 所示。

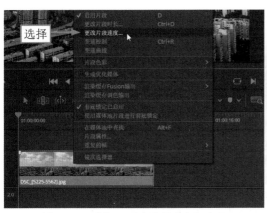 

图 14-10　选择"更改片段速度"命令　　　图 14-11　单击"更改"按钮

STEP 03 >>> 执行操作后，即可加快视频的播放速度，并将 11 秒的视频缩短成 7 秒，如图 14-12 所示。

图 14-12　缩短视频时长

14.2.4　进行调色处理

在前期拍摄延时照片时，应该设置好快门、感光度等参数，这样拍出的照片比较美观，在后期调色时也不需要花费太多时间。下面介绍在达芬奇中进行调色的操作方法。

扫码看视频

STEP 01 >>> 切换至"调色"步骤面板，在"一级 - 校色轮"面板中，设置"色温"参数为 -550.0、"对比度"参数为 1.100、"阴影"参数为 20.00、"饱和度"参数为 65.00，如图 14-13 所示，使画面偏冷蓝色，提高画面的明暗对比度，并增加画面中色彩的浓度。

图 14-13　设置相应参数

STEP 02 >>> 展开"曲线 - 饱和度 对 饱和度"面板，在低饱和区和中间调位置分别添加 1 个控制点，向上拖曳低饱和区中的控制点至合适位置，如图 14-14 所示，使画面低饱和区域中的色彩更浓郁。

图 14-14　向上拖曳控制点至合适位置

STEP 03 >>> 在预览窗口中，可以查看画面的调色效果，如图 14-15 所示。

图 14-15　查看画面的调色效果

14.2.5　添加背景音乐

可以根据视频的时长对背景音乐进行调整，从而留下合适的片段。下面介绍在达芬奇中添加背景音乐的操作方法。

扫码看视频

STEP 01 >>> 切换至"剪辑"步骤面板，选择"文件"|"导入"|"媒体"命令，如图 14-16 所示。

STEP 02 >>> 弹出"导入媒体"对话框，❶选择背景音乐；❷单击"打开"按钮，如图 14-17 所示，即可将背景音乐导入"媒体池"面板中。

STEP 03 >>> 将背景音乐拖曳至"时间线"面板的"音频 1"轨道中，即可为视频添加背景音乐，如图 14-18 所示。

STEP 04 >>> 用刀片工具▥▥分别在 01:00:20:29 和 01:00:28:14 的位置对背景音乐进行分割，如图 14-19 所示。

图 14-16　选择"媒体"命令

图 14-17　单击"打开"按钮

图 14-18　添加背景音乐

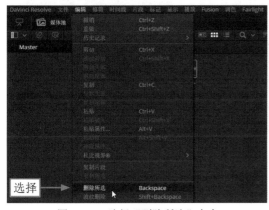

图 14-19　对背景音乐进行分割

STEP 05 ▶▶ 同时选择分割出的第 1 段和第 3 段音频，选择"编辑"|"删除所选"命令，如图 14-20 所示，即可删除不需要的音频片段。

STEP 06 ▶▶ 调整背景音乐的位置，如图 14-21 所示，即可完成延时视频的制作。

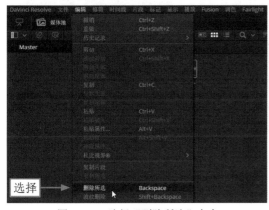

图 14-20　选择"删除所选"命令

图 14-21　调整背景音乐的位置

15

COLORIST

第15章 │ 季节变换：
制作《夏天变秋天》

除了单纯对视频进行调色外，还可以运用达芬奇强大且丰富的功能制作出具有趣味感的视频效果。例如，可以先将一个素材调成两个不同季节的色调，再通过设置窗口蒙版和关键帧效果制作出动态的季节变换视频。本章以《夏天变秋天》为例，介绍制作季节变换视频的方法。

15.1 《夏天变秋天》效果展示

　　季节变换是指通过调色、添加窗口蒙版、设置关键帧运动效果等方法制作出的一个季节变成另一个季节的视频效果。

　　在制作《夏天变秋天》视频之前，首先来欣赏本案例的视频效果，并了解案例的学习目标、制作思路、知识讲解和要点讲堂。

15.1.1 效果欣赏

　　《夏天变秋天》季节变换视频的效果展示如图 15-1 所示。

图 15-1 效果展示

15.1.2 学习目标

知识目标	掌握季节变换视频的制作方法
技能目标	（1）掌握调出夏季感视频的操作方法 （2）掌握调出秋季感视频的操作方法 （3）掌握制作季节变换视频的操作方法 （4）掌握添加背景音乐的操作方法 （5）掌握导出视频和项目的操作方法
本章重点	调出秋季感视频
本章难点	导出视频和项目
视频时长	9分06秒

15.1.3 制作思路

本案例首先介绍调出夏季感视频的方法，接着介绍调出秋季感视频的方法，然后制作季节变换视频和添加背景音乐，最后导出视频和项目。图 15-2 所示为本案例视频的制作思路。

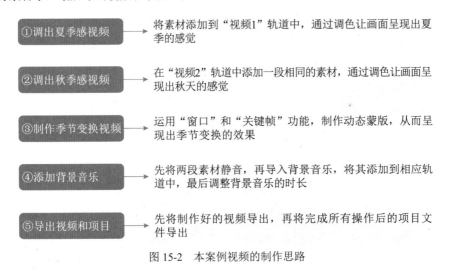

①调出夏季感视频 —— 将素材添加到"视频1"轨道中，通过调色让画面呈现出夏季的感觉

②调出秋季感视频 —— 在"视频2"轨道中添加一段相同的素材，通过调色让画面呈现出秋天的感觉

③制作季节变换视频 —— 运用"窗口"和"关键帧"功能，制作动态蒙版，从而呈现出季节变换的效果

④添加背景音乐 —— 先将两段素材静音，再导入背景音乐，将其添加到相应轨道中，最后调整背景音乐的时长

⑤导出视频和项目 —— 先将制作好的视频导出，再将完成所有操作后的项目文件导出

图 15-2　本案例视频的制作思路

15.1.4　知识讲解

《夏天变秋天》这一案例主要是制作季节变换视频，让画面整体更加清透，并制作出动态变换的效果，从而增加视频的美观度。

15.1.5　要点讲堂

在本章内容中，会用到达芬奇的一个功能——关键帧，该功能的主要作用是记录视频画面在某一帧的位置和大小等参数，通过两个或两个以上的关键帧就能制作出运动效果。

为视频添加关键帧的方法为：在"调色"步骤面板中单击"关键帧"按钮■，即可展开"关键帧"面板，在其中为视频或某个参数添加关键帧。

15.2 《夏天变秋天》制作流程

本节介绍季节变换视频的制作方法，包括调出夏季感视频、调出秋季感视频、制作季节变换视频、添加背景音乐以及导出视频和项目。希望大家熟练掌握本节内容，自己也可以制作出风格转换的季节变换视频。

15.2.1　调出夏季感视频

夏季最明显的特征之一就是绿色植物的颜色都比较浓郁，因此可以通过对植物进行调色来营造画面的夏季感。下面介绍在达芬奇中调出夏季感视频的操作方法。

STEP 01 ▷▷▷ 打开一个项目文件，将"媒体池"面板中的素材拖曳至"时间线"面板的"视频1"

扫码看视频

轨道中，即可导入该素材，如图 15-3 所示。

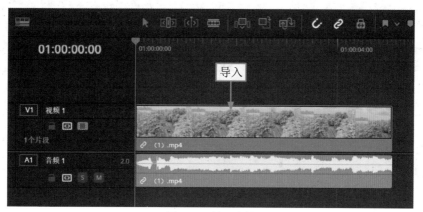

图 15-3　导入素材

STEP 02 ▶▶▶ 切换至"调色"步骤面板，在"一级 - 校色轮"面板中，设置"色温"参数为 -200.0、"色调"参数为 -50.00、"对比度"参数为 1.100、"阴影"参数为 -50.00、"饱和度"参数为 65.00，如图 15-4 所示，使画面的色调偏冷、偏绿，压暗画面中的黑色部分，提高画面的明暗对比度和色彩浓度。

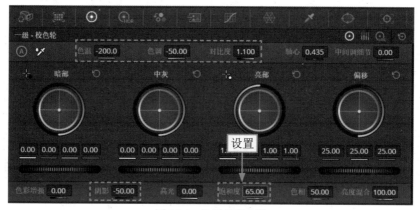

图 15-4　设置相应参数

STEP 03 ▶▶▶ 切换至"曲线 - 自定义"面板，❶单击"蓝"按钮▉，进入蓝色曲线调节通道；❷在蓝色曲线上添加 3 个控制点，如图 15-5 所示。

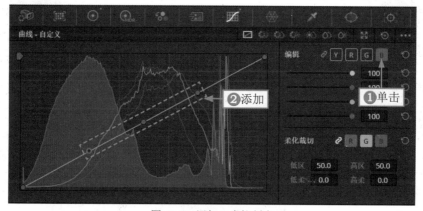

图 15-5　添加 3 个控制点

STEP 04 ▶▶▶ 调整添加的第 1 个控制点的位置，如图 15-6 所示，增加画面高光部分的蓝色。

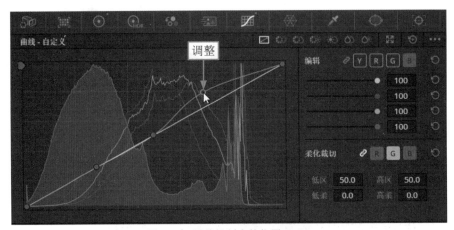

图 15-6　调整控制点的位置（1）

STEP 05 ❶单击"绿"按钮 G，进入绿色曲线调节通道；❷在绿色曲线上添加 1 个控制点并调整其位置，如图 15-7 所示，增加画面中间调部分的绿色。

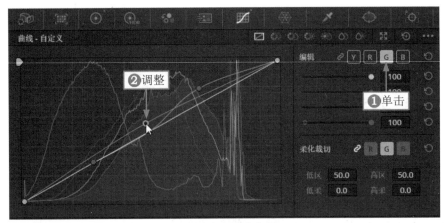

图 15-7　调整控制点的位置（2）

STEP 06 在预览窗口中，可以查看画面的调色效果，如图 15-8 所示。

图 15-8　查看画面的调色效果

15.2.2 调出秋季感视频

为了制作变换效果，需要再导入一段相同的素材，将该素材调成秋天的感觉，以与调成夏季的素材进行区别。下面介绍在达芬奇中调出秋季感视频的操作方法。

STEP 01 >> 切换至"剪辑"步骤面板，将"媒体池"面板中的素材拖曳至"时间线"面板的"视频2"轨道中，即可导入一段相同的素材，如图15-9所示。

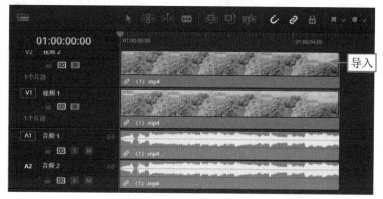

图15-9 导入相同的素材

STEP 02 >> 切换至"调色"步骤面板，选择第2段素材，在"色彩扭曲器 - 色相 - 饱和度"面板中，将黄色和绿色区域中顶部的控制点拖曳至相应位置，如图15-10所示，使画面中绿色的植物变成黄色。

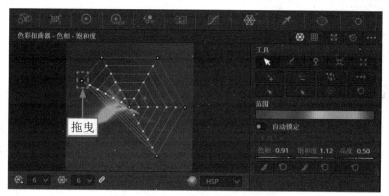

图15-10 拖曳控制点至相应位置

STEP 03 >> 在"一级 - 校色轮"面板中，设置"色温"参数为100.0、"对比度"参数为1.050、"饱和度"参数为75.00，如图15-11所示，使画面的色调偏暖，增加画面的明暗对比度，并使画面中的黄色更浓郁。

图15-11 设置相应参数

STEP 04 >>> 在"曲线 - 自定义"面板的蓝色曲线调节通道中，在蓝色曲线上添加 3 个控制点，调整添加的第 1 个控制点的位置，如图 15-12 所示，增加画面高光部分的黄色和整体的秋日感。

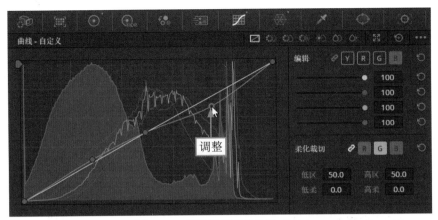

图 15-12　调整控制点的位置（1）

STEP 05 >>> 在"曲线 - 饱和度 对 饱和度"面板中，分别在低饱和区和中间调位置添加 1 个控制点，并调整低饱和区中控制点的位置，如图 15-13 所示，增加画面的色彩浓度。

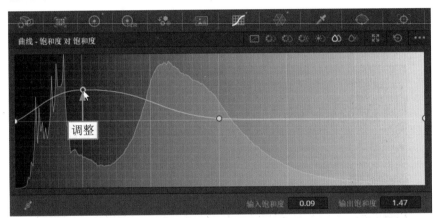

图 15-13　调整控制点的位置（2）

STEP 06 >>> 在预览窗口中，可以查看画面的调色效果，如图 15-14 所示。

图 15-14　查看画面的调色效果

15.2.3 制作季节变换视频

准备好两个季节的素材后，就可以开始制作蒙版渐变季节变换的效果了。下面介绍
在达芬奇中制作季节变换视频的操作方法。

扫码看视频

STEP 01 》》 在"节点"面板的 01 节点后面添加一个编号为 02 的串行节点，如图 15-15 所示。

图 15-15　添加串行节点

STEP 02 》》 在"节点"面板的空白位置单击鼠标右键，在弹出的快捷菜单中选择"添加 Alpha 输出"命令，
如图 15-16 所示。

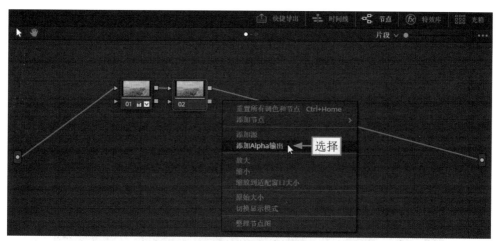

图 15-16　选择"添加 Alpha 输出"命令

STEP 03 》》 执行操作后，即可在"节点"面板的最右侧添加一个"Alpha 最终输出"图标 ，如图 15-17 所示。

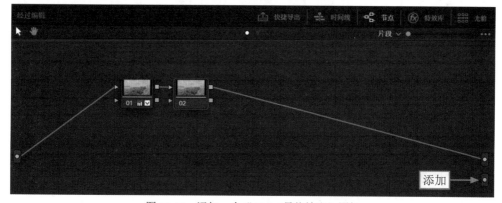

图 15-17　添加一个"Alpha 最终输出"图标

STEP 04 将 02 节点的"键输出"图标■与"Alpha 最终输出"图标●相连，两个图标之间会显示一条 Alpha 信息连接线，如图 15-18 所示。

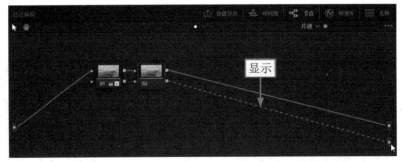

图 15-18　显示 Alpha 信息连接线

专家指点

　　在"节点"面板中，添加"Alpha最终输出"图标●，连接"键输出"图标■与"Alpha最终输出"图标●，都是为了创建Alpha通道，并将通道的信息进行输出。Alpha通道一般用来保存选择的区域，实现图层的透明效果，非常适合用来制作场景合成、抠像等视频。

STEP 05 ❶展开"窗口"面板；❷单击圆形"窗口激活"按钮◉，如图 15-19 所示，为第 2 段素材添加一个圆形窗口蒙版。

图 15-19　单击圆形"窗口激活"按钮

STEP 06 ❶单击"关键帧"按钮◈，展开"关键帧"面板；❷单击"校正器2"左侧的下拉按钮；❸在展开的列表框中单击"圆形窗口"选项左侧的"自动关键帧"按钮◉，如图15-20所示，即可激活"圆形窗口"选项的关键帧，当圆形窗口蒙版有任何变动时，就会自动生成关键帧。

图 15-20　单击"自动关键帧"按钮

STEP 07 ▶▶ 在预览窗口的视频结束位置，调整圆形窗口蒙版的大小和位置，如图 15-21 所示。

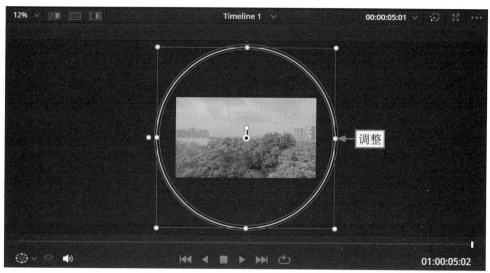

图 15-21　调整圆形窗口蒙版的大小和位置

STEP 08 ▶▶ 在"关键帧"面板的视频结束位置，"主控""校正器 2"和"圆形窗口"选项都会自动生成一个关键帧，如图 15-22 所示。

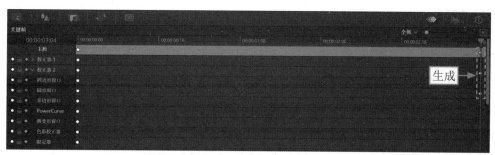

图 15-22　自动生成关键帧

STEP 09 ▶▶ 在"窗口"面板中，设置"柔化 1"参数为 8.00，如图 15-23 所示，为蒙版添加柔化效果，使蒙版周围的颜色界限不那么明显。

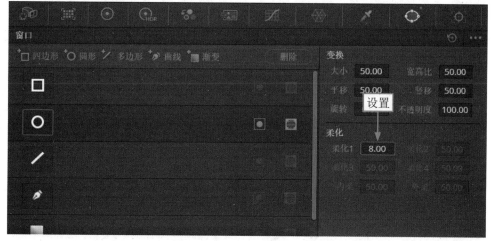

图 15-23　设置"柔化 1"参数

STEP 10 >>> 拖曳时间滑块至视频起始位置，在"窗口"面板中设置"大小"参数为 0.00，如图 15-24 所示，将圆形窗口蒙版调至最小。

图 15-24　设置"大小"参数

STEP 11 >>> 在"关键帧"面板的视频起始位置，"校正器 2"和"圆形窗口"选项都会自动生成一个关键帧，如图 15-25 所示，即可制作出圆形窗口蒙版由小变大的动态效果。

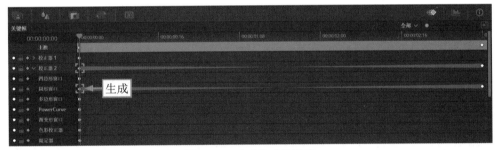

图 15-25　自动生成关键帧

STEP 12 >>> 在预览窗口中，可以查看圆形窗口蒙版的动态效果，如图 15-26 所示。

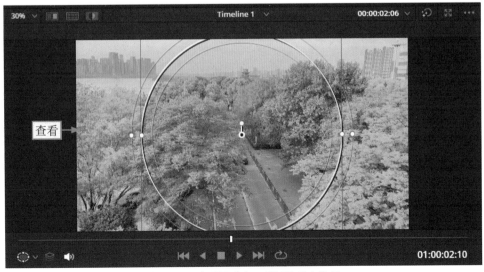

图 15-26　查看圆形窗口蒙版的动态效果

15.2.4 添加背景音乐

在一段视频中，如果一个片段同时拥有两段背景音乐，就会显得吵闹，此时可以将不需要的音频静音，留下需要的背景音乐，或者添加新的背景音乐，来优化视频的听觉体验。下面介绍在达芬奇中添加背景音乐的操作方法。

扫码看视频

STEP 01 ▶▶ 切换至"剪辑"步骤面板，单击"音频1"轨道起始位置的"静音轨道"按钮 M，如图15-27所示，即可将该轨道中的背景音乐静音。用同样的方法，将"音频2"轨道中的背景音乐静音。

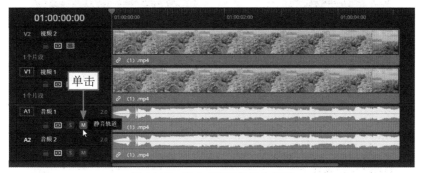

图 15-27 单击"静音轨道"按钮

STEP 02 ▶▶ 按 Ctrl + I 组合键，调出"导入媒体"对话框，❶选择背景音乐；❷单击"打开"按钮，如图15-28所示，将其导入"媒体池"面板中。

图 15-28 单击"打开"按钮

STEP 03 ▶▶ 将背景音乐拖曳至"音频3"轨道中，即可为视频添加新的背景音乐，如图15-29所示。

图 15-29 添加新的背景音乐

STEP 04 在背景音乐的起始位置，按住鼠标左键并向右拖曳至合适位置，调整背景音乐的起始位置，如图 15-30 所示。

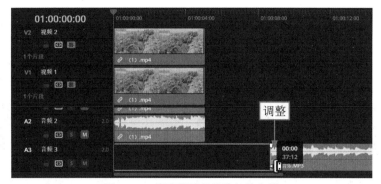

图 15-30　调整背景音乐的起始位置

STEP 05 调整背景音乐的位置和时长，使其起始位置对准视频的起始位置，并使其时长与视频时长保持一致，如图 15-31 所示。

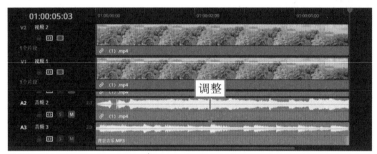

图 15-31　调整背景音乐的位置和时长

15.2.5　导出视频和项目

在达芬奇中，除了可以导出视频效果外，还可以导出项目文件，这样就可以在需要修改视频效果时，直接打开对应的项目文件进行调整，从而节省在项目管理器面板中查找项目的时间，或避免项目被删除的情况。下面介绍在达芬奇中导出视频和项目的操作方法。

扫码看视频

STEP 01 在工作界面的底部单击"交付"按钮，如图 15-32 所示，进入"交付"步骤面板。

STEP 02 在"渲染设置"面板中，❶修改文件名称；❷单击"位置"选项右侧的"浏览"按钮，如图 15-33 所示。

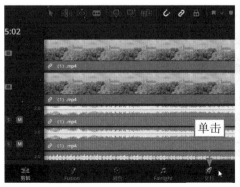

图 15-32　单击"交付"按钮

图 15-33　单击"浏览"按钮

STEP 03 >>> 在弹出的"文件目标"对话框中设置文件的保存位置，如图15-34所示，然后单击"保存"按钮即可。

STEP 04 >>> 在"导出视频"选项区中，设置"格式"为MP4，如图15-35所示。

图 15-34 设置文件的保存位置 　　　　　　　　　　　图 15-35 设置"格式"为 MP4

STEP 05 >>> 单击"渲染设置"面板右下角的"添加到渲染队列"按钮，如图15-36所示，即可将作业添加到"渲染队列"面板中。

STEP 06 >>> 在"渲染队列"面板中单击"渲染所有"按钮，如图15-37所示。

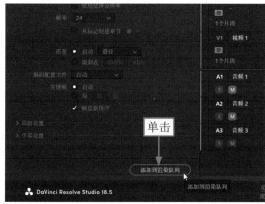

图 15-36 单击"添加到渲染队列"按钮 　　　　　　图 15-37 单击"渲染所有"按钮

STEP 07 >>> 执行操作后，即可开始渲染视频，并显示渲染进度，如图15-38所示。

STEP 08 >>> 渲染结束后，选择"文件"|"导出项目"命令，如图15-39所示。

图 15-38 显示渲染进度 　　　　　　　　　　　　　图 15-39 选择"导出项目"命令

STEP 09 >>> 弹出"导出项目文件"对话框，❶修改项目名称；❷设置项目文件的保存位置，如图 15-40 所示，然后单击"保存"按钮，即可导出项目文件。

STEP 10 >>> 导出完成后，可以在相应文件夹中查看导出的视频效果和项目文件，如图 15-41 所示。

图 15-40　设置文件的保存位置　　　　　　　图 15-41　查看导出的视频效果和项目文件

16

COLORIST

第16章 | 调色卡点视频：
制作《划屏转场》

制作卡点视频，最重要的是找准音乐的节拍点。在达芬奇中，可以借助插件对音频进行踩点，也可以根据音频的节奏手动添加标记。另外，在选择音乐时，最好选择节奏感明显的音乐，既方便踩点，又能让卡点视频的效果更有动感。本章以《划屏转场》为例，介绍制作调色卡点视频的方法。

16.1 《划屏转场》效果展示

调色卡点视频一般只用一段素材来制作，在每个卡点的位置运用转场来展示不同的调色效果。

在制作《划屏转场》视频之前，首先来欣赏本案例的视频效果，并了解案例的学习目标、制作思路、知识讲解和要点讲堂。

16.1.1 效果欣赏

《划屏转场》调色卡点视频的效果展示如图 16-1 所示。

图 16-1　效果展示

16.1.2 学习目标

知识目标	掌握调色卡点视频的制作方法
技能目标	（1）掌握添加节拍点标记的操作方法 （2）掌握分割视频素材的操作方法 （3）掌握分段进行调色的操作方法 （4）掌握设置电影画幅的操作方法 （5）掌握合并视频片段的操作方法 （6）掌握设置划屏转场的操作方法 （7）掌握添加视频字幕的操作方法
本章重点	分段进行调色
本章难点	添加节拍点标记
视频时长	12分51秒

16.1.3　制作思路

本案例首先介绍添加节拍点标记的方法，并分割视频素材，再分段进行调色，然后设置电影画幅和合并视频片段，最后设置划屏转场和添加视频字幕。图16-2所示为本案例视频的制作思路。

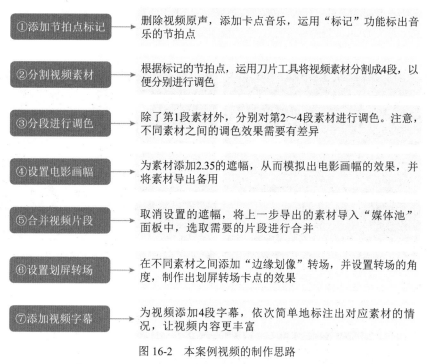

①添加节拍点标记 → 删除视频原声，添加卡点音乐，运用"标记"功能标出音乐的节拍点

②分割视频素材 → 根据标记的节拍点，运用刀片工具将视频素材分割成4段，以便分别进行调色

③分段进行调色 → 除了第1段素材外，分别对第2~4段素材进行调色。注意，不同素材之间的调色效果需要有差异

④设置电影画幅 → 为素材添加2.35的遮幅，从而模拟出电影画幅的效果，并将素材导出备用

⑤合并视频片段 → 取消设置的遮幅，将上一步导出的素材导入"媒体池"面板中，选取需要的片段进行合并

⑥设置划屏转场 → 在不同素材之间添加"边缘划像"转场，并设置转场的角度，制作出划屏转场卡点的效果

⑦添加视频字幕 → 为视频添加4段字幕，依次简单地标注出对应素材的情况，让视频内容更丰富

图16-2　本案例视频的制作思路

16.1.4　知识讲解

《划屏转场》这一案例主要是制作调色卡点视频，让不同调色效果的画面随着音频的节拍点依次划屏展示出来。

16.1.5　要点讲堂

在本章内容中，会用到达芬奇的一个功能——标记，该功能的主要作用是在轨道、视频、音频等对象的某个位置添加一个有颜色的标记。

为视频添加标记的方法为：在"剪辑"步骤面板的"时间线"面板中，拖曳时间轴至相应位置，然后单击"标记"按钮■即可。

16.2　《划屏转场》制作流程

本节介绍调色卡点视频的制作方法，包括添加节拍点标记、分割视频素材、分段进行调色、设置电影画幅、合并视频片段、设置划屏转场以及添加视频字幕。希望大家熟练掌握本节内容，自己也可以制作出酷炫的调色卡点视频。

16.2.1　添加节拍点标记

为了更好地进行操作，可以删除素材自带的音频，添加准备的卡点音乐进行标记。下面介绍在达芬奇中添加节拍点标记的操作方法。

扫码看视频

STEP 01 ▶▶ 打开一个项目文件，在"时间线"面板的素材上单击鼠标右键，在弹出的快捷菜单中选择"链接片段"命令，如图 16-3 所示，取消视频和音频之间的链接。

STEP 02 ▶▶ 在音频上单击鼠标右键，在弹出的快捷菜单中选择"删除所选"命令，如图 16-4 所示，将其删除。

图 16-3　选择"链接片段"命令　　　　　图 16-4　选择"删除所选"命令

STEP 03 ▶▶ 将"媒体池"面板中的背景音乐拖曳至"音频 1"轨道中，即可为视频添加新的背景音乐，如图 16-5 所示。

图 16-5　添加背景音乐

STEP 04 ▶▶ 在"时间线"面板中，❶拖曳时间轴至 01:00:03:12 的位置；❷选择背景音乐；❸单击"标记"按钮，如图 16-6 所示。

图 16-6　单击"标记"按钮

STEP 05 执行操作后，即可添加一个蓝色标记，在背景音乐上会显示标记图标█，在预览窗口的左上角会显示标记的时间和名称，如图16-7所示。

图16-7 显示标记图标、时间和名称

专家指点

在达芬奇中，添加的标记默认是蓝色的。也可以拖曳时间轴至相应位置，单击"标记"按钮█右侧的下拉按钮，在弹出的列表框中选择其他颜色，添加不同颜色的标记。

STEP 06 使用与上面同样的方法，再在01:00:05:01和01:00:06:13的位置添加两个标记，如图16-8所示。

图16-8 添加两个标记

专家指点

可以选择在背景音乐上添加标记，也可以在"时间线"面板的时间刻度上添加标记。直接在背景音乐上添加标记可以避免后续在分割和删除素材时标记移动位置。

16.2.2 分割视频素材

可以根据标记点的位置对素材进行分割，方便后续调色和添加转场，也避免了多次导出和导入素材的烦琐。下面介绍在达芬奇中分割视频素材的操作方法。

STEP 01 ▶▶▶ 在"时间线"面板的顶部单击"刀片编辑模式"按钮▦▦，如图16-9所示，准备分割素材。

STEP 02 ▶▶▶ 移动刀片工具▦▦至第1个标记的位置，在素材上单击鼠标左键，如图16-10所示，即可对素材进行第1次分割。

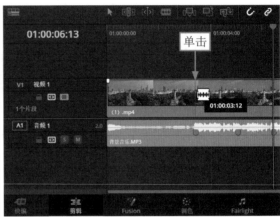

图16-9　单击"刀片编辑模式"按钮　　　　　　图16-10　单击鼠标左键

STEP 03 ▶▶▶ 使用与上面同样的方法，在第2个和第3个标记的位置再次对素材进行分割，如图16-11所示。

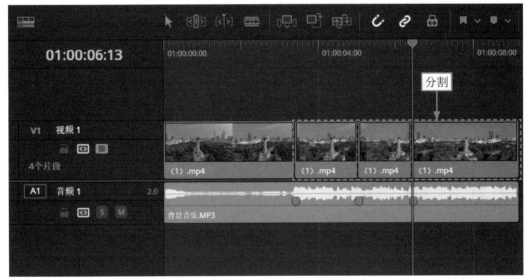

图16-11　再次对素材进行分割

16.2.3 分段进行调色

为了让不同素材之间的差异化更明显，可以在对每段素材进行调色时侧重于不同的方面。例如，调整第2段素材时侧重于画面的曝光，调整第3段素材时侧重于色彩饱和度，调整第4段素材时侧重于突出风格。下面介绍在达芬奇中分段进行调色的操作方法。

STEP 01 ≫≫ 切换至"调色"步骤面板，在"片段"面板中选择第 2 段素材，如图 16-12 所示。

图 16-12 选择第 2 段素材

STEP 02 ≫≫ 在"一级 - 校色轮"面板中，设置"阴影"参数为 20.00、"高光"参数为 30.00，如图 16-13 所示，提亮画面中的黑色部分和高光部分。

图 16-13 设置相应参数

STEP 03 ≫≫ 在"曲线 - 自定义"面板中，❶单击"亮度"按钮，进入亮度曲线调节通道；❷按住 Shift 键的同时在亮度曲线上添加 3 个控制点，如图 16-14 所示。

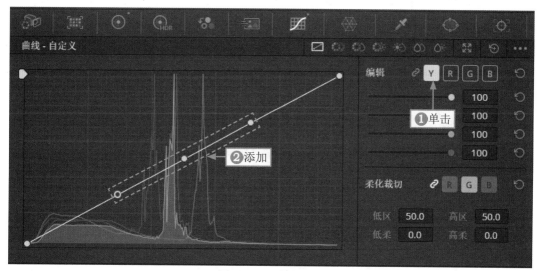

图 16-14 添加控制点

STEP 04 ▶▶ 向上拖曳添加的第 2 个控制点，如图 16-15 所示，即可提升画面中间调部分的亮度。

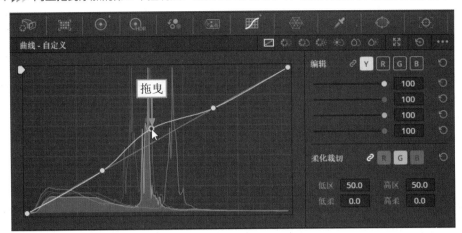

图 16-15　向上拖曳控制点

STEP 05 ▶▶ 在预览区域中，可以查看第 2 段素材的调色效果，如图 16-16 所示。

图 16-16　查看第 2 段素材的调色效果

STEP 06 ▶▶ 在"片段"面板中选择第 3 段素材，在第 2 段素材上单击鼠标右键，在弹出的快捷菜单中选择"应用调色"命令，如图 16-17 所示，将第 2 段素材的调色参数应用到第 3 段素材上。

图 16-17　选择"应用调色"命令

STEP 07 ⟫⟫ 在"一级 - 校色轮"面板中，设置"饱和度"参数为 65.00，如图 16-18 所示，增加画面色彩的浓度。

图 16-18　设置"饱和度"参数

STEP 08 ⟫⟫ ❶切换至"曲线 - 饱和度 对 饱和度"面板；❷按住 Shift 键的同时在低饱和区和中间调位置分别添加 1 个控制点，如图 16-19 所示。

图 16-19　添加控制点

STEP 09 ⟫⟫ 向上拖曳低饱和区中的控制点，如图 16-20 所示，直至面板下方的"输入饱和度"参数显示为 0.08、"输出饱和度"参数显示为 1.43，增加画面中低饱和区的色彩饱和度，使画面整体的颜色更浓郁。

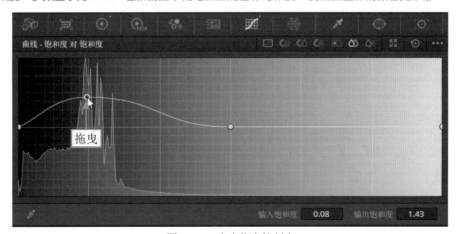

图 16-20　向上拖曳控制点

STEP 10 >>> 在预览区域中，可以查看第 3 段素材的调色效果，如图 16-21 所示。

图 16-21 查看第 3 段素材的调色效果

STEP 11 >>> 在"片段"面板中选择第 4 段素材，在第 3 段素材上单击鼠标右键，在弹出的快捷菜单中选择"应用调色"命令，如图 16-22 所示，将第 3 段素材的调色参数应用到第 4 段素材上。

图 16-22 选择"应用调色"命令

STEP 12 >>> 在"一级 - 校色轮"面板中，设置"色温"参数为 -900.0、"色调"参数为 -40.00、"对比度"参数为 1.100，如图 16-23 所示，使画面色调偏冷青色，增加画面的明暗对比度。

图 16-23 设置相应参数

STEP 13 在"一级 - 校色轮"面板中，设置"亮部"色轮下方的参数分别为 1.02、0.95、1.00、1.10，如图 16-24 所示，增加画面高光部分的亮度和蓝色的饱和度。

图 16-24　设置相应参数

STEP 14 在"节点"面板的 01 节点后面添加一个编号为 02 的串行节点，如图 16-25 所示。

STEP 15 在"特效库"面板的"素材库"选项卡中，选择"Resolve FX 光线"选项区中的"发光"滤镜，如图 16-26 所示。

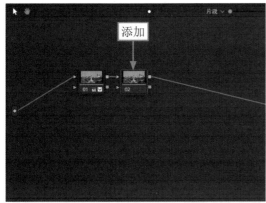

图 16-25　添加一个串行节点

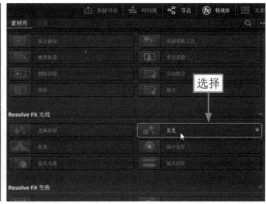

图 16-26　选择"发光"滤镜

STEP 16 将"发光"滤镜添加至 02 节点上，如图 16-27 所示。

STEP 17 在"设置"选项卡中，设置"闪亮阈值"参数为 0.800、"散布"参数为 1.000，如图 16-28 所示，调整"发光"滤镜的亮度和扩散范围。

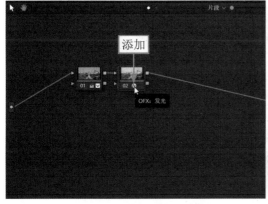

图 16-27　添加"发光"滤镜

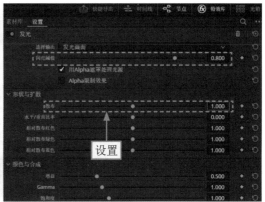

图 16-28　设置相应参数

STEP 18 >>> 在预览区域中，可以查看第 4 段素材的调色效果，如图 16-29 所示。

图 16-29　查看第 4 段素材的调色效果

16.2.4　设置电影画幅

扫码看视频

常见的电影画幅有 2.35 ：1、1.85 ：1 等，为素材设置电影画幅可以增加画面的故事感。下面介绍在达芬奇中设置电影画幅的操作方法。

STEP 01 >>> 在菜单栏中单击"时间线"菜单，如图 16-30 所示。

STEP 02 >>> 在弹出的菜单中选择"输出加遮幅" | 2.35 命令，如图 16-31 所示。

图 16-30　单击"时间线"菜单

图 16-31　选择 2.35 命令

STEP 03 >>> 执行操作后，即可为素材设置电影画幅，效果如图 16-32 所示。

图 16-32　设置电影画幅的效果

STEP 04 ▶▶▶ 切换至"交付"步骤面板，在"渲染设置"面板中设置视频的名称、保存位置和导出格式，如图 16-33 所示。

STEP 05 ▶▶▶ 在"时间线"面板中，❶拖曳时间轴至第 3 个标记的位置；❷在空白位置处单击鼠标右键，在弹出的快捷菜单中选择"标记入点"命令，如图 16-34 所示。

图 16-33 设置相应内容

图 16-34 选择"标记入点"命令

STEP 06 ▶▶▶ 执行操作后，即可选取第 3 个标记至视频结束位置之间的片段，如图 16-35 所示。

STEP 07 ▶▶▶ 单击"渲染设置"面板右下角的"添加到渲染队列"按钮，如图 16-36 所示，添加导出作业。

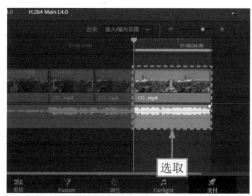

图 16-35 选取相应片段

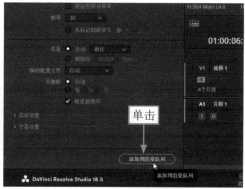

图 16-36 单击"添加到渲染队列"按钮

STEP 08 ▶▶▶ 在"渲染队列"面板的右下角单击"渲染所有"按钮，如图 16-37 所示，即可单独导出选中的片段。

STEP 09 ▶▶▶ 导出完成后，在"时间线"面板的上方，❶单击"渲染"右侧的下拉按钮；❷在弹出的下拉列表中选择"整条时间线"选项，如图 16-38 所示，取消对片段的选取。

图 16-37 单击"渲染所有"按钮

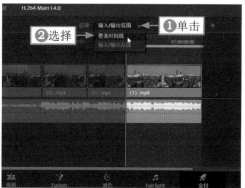

图 16-38 选择"整条时间线"选项

16.2.5 合并视频片段

第 4 段素材需要添加电影画幅，但不需要其他素材，因而需要删除不需要的片段，将上一步导出的素材与前面 3 段素材进行合并。下面介绍在达芬奇中合并视频片段的操作方法。

扫码看视频

STEP 01 ▶▶ 切换至"剪辑"步骤面板，选择"时间线"|"输出加遮幅"| Reset（重置）命令，如图 16-39 所示，取消设置的遮幅。

STEP 02 ▶▶ 选择"文件"|"导入"|"媒体"命令，如图 16-40 所示。

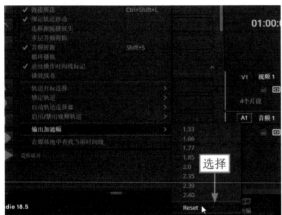
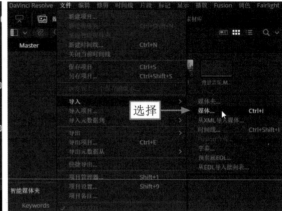

图 16-39　选择 Reset 命令　　　　　图 16-40　选择"媒体"命令

STEP 03 ▶▶ 在弹出的"导入媒体"对话框中选择之前导出的素材，如图 16-41 所示。

STEP 04 ▶▶ 单击"打开"按钮，即可将素材导入"媒体池"面板中，如图 16-42 所示。

图 16-41　选择相应素材　　　　　图 16-42　导入素材

STEP 05 ▶▶ 在"音频 1"轨道的起始位置单击"锁定轨道"按钮，如图 16-43 所示，将背景音乐进行锁定。

STEP 06 ▶▶ 在第 4 段素材上单击鼠标右键，在弹出的快捷菜单中选择"删除所选"命令，如图 16-44 所示，将其删除。

STEP 07 ▶▶ 将之前导入的素材添加到"视频 1"轨道中，如图 16-45 所示。

STEP 08 ▶▶ 在"音频 2"轨道的起始位置单击"静音轨道"按钮，如图 16-46 所示，将该轨道中的音频静音，即可完成视频的合并。

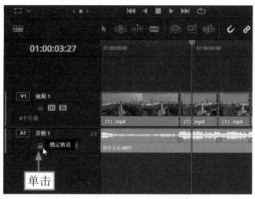

图16-43 单击"锁定轨道"按钮

图16-44 选择"删除所选"命令

图16-45 将素材添加到轨道中

图16-46 单击"静音轨道"按钮

16.2.6 设置划屏转场

扫码看视频

在素材之间添加"边缘划像"转场，可以让不同素材之间的切换变得流畅，还可以增强调色前后的画面对比，带来更强的视觉冲击力。下面介绍在达芬奇中设置划屏转场的操作方法。

STEP 01 ▶▶▶ 在"特效库"面板的"工具箱"|"视频转场"选项卡中，选择"划像"选项区中的"边缘划像"转场，如图16-47所示。

STEP 02 ▶▶▶ 将"边缘划像"转场拖曳至第1段和第2段素材之间，即可添加第1个转场，如图16-48所示。

图16-47 选择"边缘划像"转场

图16-48 添加"边缘划像"转场（1）

STEP 03 >>> 使用与上面同样的方法，在第 2 段和第 3 段素材之间、第 4 段素材的起始位置分别添加相同的转场，如图 16-49 所示。

STEP 04 >>> 同时选择这 3 个转场，在"检查器"面板的"转场"选项卡中，设置"角度"参数为 90，如图 16-50 所示，使转场从左向右开始划动。

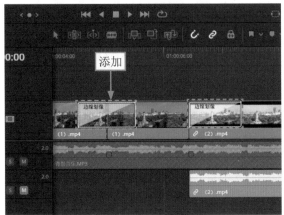

图 16-49 添加"边缘划像"转场（2）

图 16-50 设置"角度"参数

STEP 05 >>> 在预览窗口中，可以查看设置的转场效果，如图 16-51 所示。

图 16-51 查看设置的转场效果

16.2.7 添加视频字幕

在视频中添加字幕，既能丰富视频内容，又能直接告知观众画面之间的区别。下面介绍在达芬奇中添加视频字幕的操作方法。

扫码看视频

STEP 01 >>> 在"特效库"面板中，❶切换至"工具箱"|"标题"选项卡；❷在"字幕"选项区中选择一个文本样式，如图 16-52 所示。

STEP 02 >>> 将选择的标题样式拖曳至"时间线"面板的"视频 2"轨道中，即可添加一段文本，如图 16-53 所示。

图 16-52　选择一个文本样式

图 16-53　添加一段文本

STEP 03 ≫ 调整文本的时长，使其与视频时长保持一致，如图 16-54 所示。

STEP 04 ≫ 选择文本，在"检查器"面板的"视频"|"设置"选项卡中，设置"位置"选项的 X 参数为 -669.000、Y 参数为 -364.000，如图 16-55 所示，调整文本的位置。

图 16-54　调整文本的时长

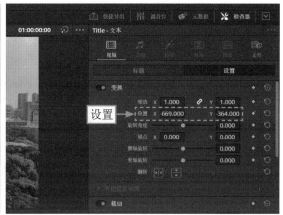

图 16-55　设置相应参数

STEP 05 ≫ 使用刀片工具 将文本分割成 4 段，如图 16-56 所示。

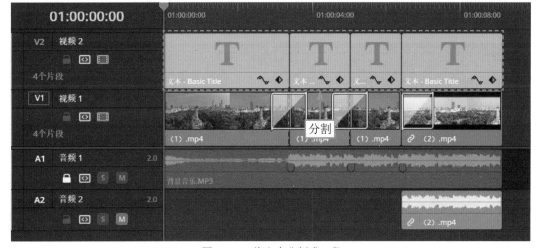

图 16-56　将文本分割成 4 段

STEP 06 修改 4 段文本的内容，如图 16-57 所示。

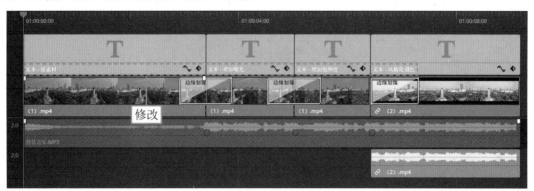

图 16-57　修改 4 段文本的内容

STEP 07 在"工具箱"|"视频转场"选项卡中，选择"叠化"选项区中的"加亮叠化"转场，如图 16-58 所示。

STEP 08 将"加亮叠化"转场添加至第 1 段文本的起始位置，如图 16-59 所示，即可制作文本加亮渐显的动画效果。

图 16-58　选择"加亮叠化"转场

图 16-59　添加"加亮叠化"转场（1）

STEP 09 使用与上面同样的方法，在第 4 段文本的结束位置也添加一个"加亮叠化"转场，如图 16-60 所示，制作出文本加亮渐隐的效果。

STEP 10 同时选择两个"加亮叠化"转场，设置"时长"参数为 0.7 秒，如图 16-61 所示，缩短转场的持续时间。

图 16-60　添加"加亮叠化"转场（2）

图 16-61　设置"时长"参数

STEP 11 在第1段和第2段、第2段和第3段文本之间以及第4段文本的起始位置，各添加一个"边缘划像"转场，如图16-62所示。

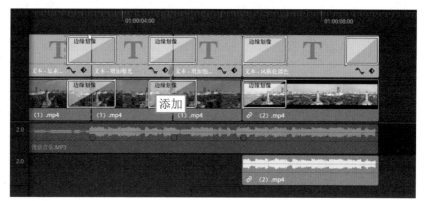

图16-62 添加"边缘划像"转场

STEP 12 同时选择3个"边缘划像"转场，设置"角度"参数为90，如图16-63所示，制作出字幕划像切换的效果。

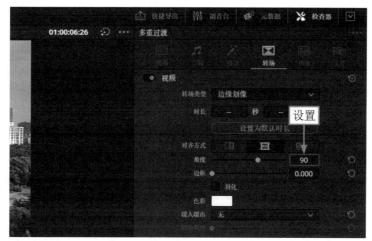

图16-63 设置"角度"参数

STEP 13 在预览窗口中，可以查看最终的视频效果，如图16-64所示。

图16-64 查看视频的最终效果

COLORIST

第17章 | 天空替换：
制作《戈壁之歌》

　　由于天气和时间的影响，用户拍摄出的素材可能存在天空不
够完美的情况。除了重新拍摄外，在达芬奇中，可以对素材的天空
进行替换，例如凭空制造一个天空，或者替换成其他好看的天空素
材。本章以《戈壁之歌》为例，介绍制作天空替换视频的方法。

17.1 《戈壁之歌》效果展示

在进行天空替换之前，需要准备好天空素材。注意，在选择天空素材时，不能只看美观度，还要考虑与进行替换的素材的匹配度，这样制作出的视频才不会有违和感。

在制作《戈壁之歌》视频之前，首先来欣赏本案例的视频效果，并了解案例的学习目标、制作思路、知识讲解和要点讲堂。

17.1.1 效果欣赏

《戈壁之歌》天空替换视频的前后效果对比如图 17-1 所示。

图 17-1　前后效果对比

17.1.2 学习目标

知识目标	掌握天空替换视频的制作方法
技能目标	（1）掌握对天空进行调色的操作方法 （2）掌握修改时间线属性的操作方法 （3）掌握选取天空区域的操作方法 （4）掌握添加相应滤镜的操作方法 （5）掌握进行天空替换的操作方法 （6）掌握调整合成效果的操作方法 （7）掌握更换背景音乐的操作方法
本章重点	进行天空替换
本章难点	选取天空区域
视频时长	10分30秒

17.1.3 制作思路

本案例首先介绍对天空进行调色的方法，并修改时间线属性，然后选取天空区域、添加相应滤镜以及进行天空替换，最后调整合成效果和更换背景音乐。图17-2所示为本案例视频的制作思路。

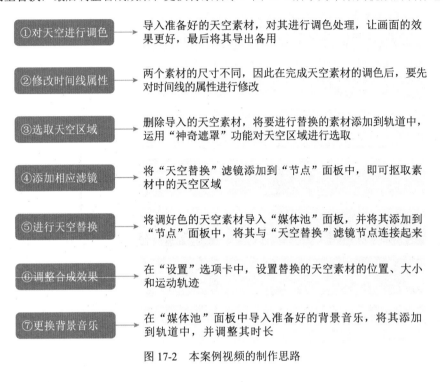

①对天空进行调色 →	导入准备好的天空素材，对其进行调色处理，让画面的效果更好，最后将其导出备用
②修改时间线属性 →	两个素材的尺寸不同，因此在完成天空素材的调色后，要先对时间线的属性进行修改
③选取天空区域 →	删除导入的天空素材，将要进行替换的素材添加到轨道中，运用"神奇遮罩"功能对天空区域进行选取
④添加相应滤镜 →	将"天空替换"滤镜添加到"节点"面板中，即可抠取素材中的天空区域
⑤进行天空替换 →	将调好色的天空素材导入"媒体池"面板，并将其添加到"节点"面板中，将其与"天空替换"滤镜节点连接起来
⑥调整合成效果 →	在"设置"选项卡中，设置替换的天空素材的位置、大小和运动轨迹
⑦更换背景音乐 →	在"媒体池"面板中导入准备好的背景音乐，将其添加到轨道中，并调整其时长

图17-2　本案例视频的制作思路

17.1.4 知识讲解

《戈壁之歌》这一案例主要是制作天空替换视频，将素材中的天空替换为准备好的天空素材，提高画面的美观度。

17.1.5 要点讲堂

在本章内容中，会用到达芬奇的一个功能——神奇遮罩，该功能的主要作用是将画面中的物体或人物抠出来，形成一个遮罩。

为视频应用神奇遮罩的方法为：切换至"调色"步骤面板，单击"神奇遮罩"按钮，根据需求展开"神奇遮罩 - 物体"或"神奇遮罩 - 人体"面板，进行抠像操作。

17.2 《戈壁之歌》制作流程

本节介绍天空替换视频的制作方法，包括对天空进行调色、修改时间线属性、选取天空区域、添加相应滤镜、进行天空替换、调整合成效果及更换背景音乐。希望大家熟练掌握本节内容，自己也可以轻松完成天空的替换。

17.2.1 对天空进行调色

要想天空的效果更美观，可以对准备好的天空素材进行调色处理。下面介绍在达芬奇中对天空进行调色的操作方法。

STEP 01 ▶▶▶ 打开一个项目文件，切换至"调色"步骤面板，在"一级 - 校色轮"面板中，设置"色温"参数为 -400.0、"对比度"参数为 1.100、"饱和度"参数为 70.00，如图 17-3 所示，使画面偏冷蓝色，并增加画面的色彩浓度和明暗对比度。

图 17-3 设置相应参数

STEP 02 ▶▶▶ 在"曲线 - 色相 对 饱和度"面板中，❶单击底部的蓝色色块■；❷在曲线上添加 3 个控制点，如图 17-4 所示。

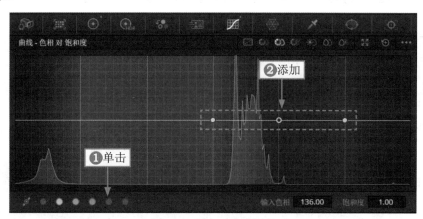

图 17-4 添加 3 个控制点

STEP 03 ▶▶▶ 向上拖曳第 2 个控制点，如图 17-5 所示，直至面板下方的"输入色相"参数显示为 136.00、"饱和度"参数显示为 1.48，增加画面中蓝色色相的饱和度，即可完成对天空素材的调色。

STEP 04 ▶▶▶ 在预览窗口中，可以查看天空素材的调色效果，如图 17-6 所示。

STEP 05 ▶▶▶ 切换至"剪辑"步骤面板，在"时间线"面板中单击"音频 1"轨道起始位置的"静音轨道"按钮▣，如图 17-7 所示，将视频静音。

STEP 06 ▶▶▶ 切换至"交付"步骤面板，在"渲染设置"面板中设置视频的名称、保存位置和格式，如图 17-8 所示。

STEP 07 ▶▶▶ 单击"渲染设置"面板右下角的"添加到渲染队列"按钮，如图 17-9 所示，将导出作业添加到"渲染队列"面板中，单击"渲染所有"按钮，即可将视频导出备用。

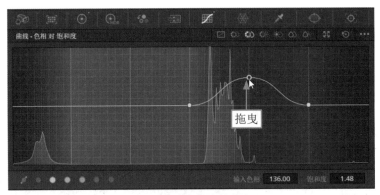

图 17-5　向上拖曳控制点

图 17-6　查看调色效果

图 17-7　单击"静音轨道"按钮

图 17-8　设置相应信息

图 17-9　单击"添加到渲染队列"按钮

17.2.2 修改时间线属性

当用户需要在同一个时间线中对两个尺寸不同的素材进行处理时，可以灵活地根据素材的尺寸来修改时间线的属性，避免产生多余的黑边。下面介绍在达芬奇中修改时间线属性的操作方法。

STEP 01 ⟫⟫ 切换至"剪辑"步骤面板，在天空素材上单击鼠标右键，在弹出的快捷菜单中选择"删除所选"命令，如图 17-10 所示，将其删除。

STEP 02 ⟫⟫ 选择"文件"|"项目设置"命令，如图 17-11 所示。

图 17-10 选择"删除所选"命令

图 17-11 选择"项目设置"命令

STEP 03 ⟫⟫ 弹出"项目设置：第 17 章"对话框，❶单击"时间线分辨率"右侧的下拉按钮；❷在弹出的下拉列表中选择 1920×1080 HD 选项，如图 17-12 所示，修改时间线分辨率，单击"保存"按钮，即可完成修改。

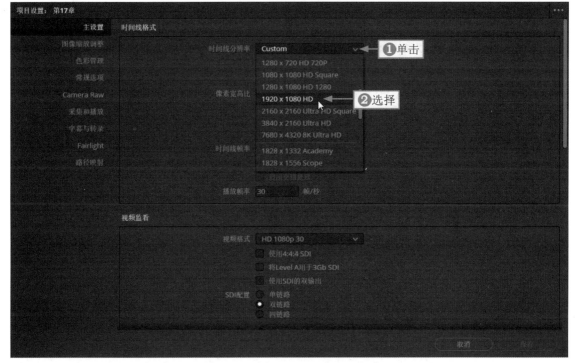

图 17-12 选择 1920×1080 HD 选项

17.2.3 选取天空区域

在达芬奇中，运用"神奇遮罩"功能可以轻松地将素材中要替换的天空抠选出来。下面介绍在达芬奇中选取天空区域的操作方法。

扫码看视频

STEP 01 >>> 将要进行天空替换的素材添加到"时间线"面板的"视频1"轨道中，如图17-13所示。

STEP 02 >>> 切换至"调色"步骤面板，在"节点"面板的01节点后面添加一个编号为02的串行节点，如图17-14所示。

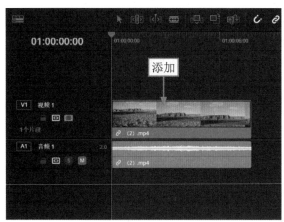

图17-13 添加相应素材

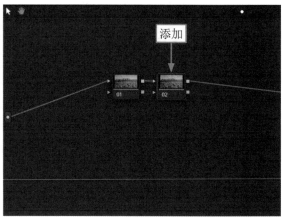

图17-14 添加一个串行节点

STEP 03 >>> ❶单击"神奇遮罩"按钮■；❷在展开的"神奇遮罩-物体"面板中单击■按钮，如图17-15所示。

图17-15 单击相应按钮

STEP 04 >>> 在"检视器"面板的画面中，使用■工具在天空中绘制一个笔画区域，如图17-16所示，选取天空区域。

STEP 05 >>> 稍等片刻后，❶在"检视器"面板上方单击"突出显示"按钮■；❷即可在预览窗口中查看抠选效果，如图17-17所示，画面中没有被选取的区域呈黑灰色，被选取区域的颜色保持不变。

STEP 06 >>> 在"神奇遮罩-物体"面板中，❶绘制的笔画区域显示为"笔画1"；❷设置"质量"为"更好"，如图17-18所示，优化抠像的质量。

图 17-16 绘制一个笔画区域

图 17-17 查看抠选效果

图 17-18 设置"质量"为"更好"

专家指点

    如果抠选的效果不理想，可以单击对应笔画区域右侧的▥按钮，删除笔画区域，重新进行绘制；也可以通过设置"质量""净化黑场""净化白场"等参数对选区和抠图质量进行调整。

STEP 07 ≫≫ 在"神奇遮罩 - 物体"面板中单击▶按钮，如图 17-19 所示。

图 17-19　单击相应按钮

STEP 08 ≫≫ 执行操作后，弹出"神奇遮罩"对话框，如图 17-20 所示，即可对绘制的笔画进行跟踪，使抠选效果应用到整段视频。

图 17-20　　"神奇遮罩"对话框

专家指点 ｜ 　在运用"神奇遮罩"功能进行抠像时，绘制的笔画越复杂，抠像和跟踪需要的时间就越长，出现电脑卡顿的概率就越高，因此可以在绘制时多尝试几次，尽量用最少、最简单的笔画来完成抠像。

17.2.4　添加相应滤镜

　　要进行天空替换，就需要用到达芬奇中的"天空替换"滤镜，它可以将抠选出的天空变成透明的，从而方便用户对天空进行设置。下面介绍在达芬奇中添加"天空替换"滤镜的操作方法。

扫码看视频

STEP 01 ≫≫ ❶展开"特效库"面板；❷在"素材库"选项卡的"Resolve FX 风格化"选项区中选择"天空替换"滤镜，如图 17-21 所示。

STEP 02 ≫≫ 将"天空替换"滤镜拖曳至"节点"面板中，即可添加一个名称为"天空替换"、编号为 03 的节点，如图 17-22 所示。

STEP 03 ≫≫ 将"天空替换"节点拖曳至 02 节点的"RGB 输出"图标█与"RGB 最终输出"图标█之间的 RGB 信息连接线上，如图 17-23 所示，当 RGB 信息连接线从灰色变成黄色时，释放鼠标左键，即可将"天空替换"节点、02 节点与"RGB 最终输出"图标█连接起来。

STEP 04 ≫≫ 连接 02 节点的"键输出"图标█与"天空替换"节点的第 1 个"键输入"图标█，两个图标之间会显示一条 Alpha 信息连接线，如图 17-24 所示，即可将 02 节点中的 Alpha 信息输入"天空替换"节点。

图 17-21　选择"天空替换"滤镜

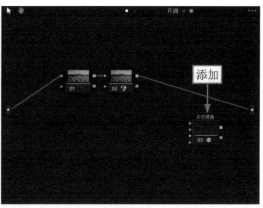

图 17-22　添加"天空替换"节点

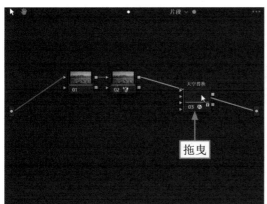

图 17-23　拖曳节点至相应位置

图 17-24　显示一条 Alpha 信息连接线

STEP 05 ≫ 此时，画面中抠选的天空区域变成透明状，显示为黑色，效果如图 17-25 所示。

图 17-25　天空区域变成透明的效果

17.2.5　进行天空替换

"天空替换"滤镜支持用户通过设置参数制造出天空效果，也支持用户导入天空素材进行合成。下面介绍在达芬奇中进行天空替换的操作方法。

STEP 01 ≫ ❶展开"媒体池"面板，在面板的空白位置处单击鼠标右键；❷在弹出的快捷

扫码看视频

菜单中选择"导入媒体"命令，如图 17-26 所示。

STEP 02 ≫ 在弹出的"导入媒体"对话框中选择调好色的天空素材，如图 17-27 所示，然后单击"打开"按钮，将其导入"媒体池"面板中。

图 17-26　选择"导入媒体"命令　　　　　　图 17-27　选择天空素材

STEP 03 ≫ 将调好色的天空素材拖曳至"节点"面板中，如图 17-28 所示，生成一个名称为（3）.mp4 的节点。

STEP 04 ≫ 将（3）.mp4 节点的"RGB 输出"图标■与"天空替换"节点的"RGB 输入"图标▶相连，两个图标之间会显示一条 RGB 信息连接线，如图 17-29 所示，即可将天空素材的画面接入"天空替换"节点中，进行天空的替换。

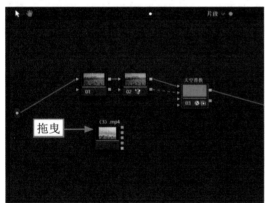

图 17-28　将天空素材拖曳至"节点"面板中　　　　图 17-29　显示一条 RGB 信息连接线

STEP 05 ≫ 在预览区域中，可以查看天空替换的效果，如图 17-30 所示。

图 17-30　查看天空替换的效果

17.2.6　调整合成效果

完成天空的替换后，可以对天空素材进行调整，例如调整天空的位置、大小和运动轨迹，使合成效果更和谐、美观。下面介绍在达芬奇中调整合成效果的操作方法。

STEP 01 ➤➤ 在"特效库"面板的"设置"选项卡中，❶展开"天空位置"选项区；❷设置"调整大小"参数为 1.200，"调整位置"的 X 参数为 0.500、Y 参数为 0.150，如图 17-31 所示。调整天空的大小和位置，使天空素材填满整个黑色区域，并隐藏建筑物。

STEP 02 ➤➤ 在"匹配运动"选项下方单击"跟踪前景"按钮，如图 17-32 所示。

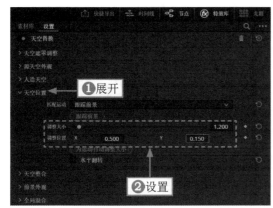

图 17-31　设置相应参数　　　　　　　图 17-32　单击"跟踪前景"按钮

STEP 03 ➤➤ 执行操作后，弹出 Tracking（跟踪）对话框，如图 17-33 所示，让天空跟踪前景进行运动。

图 17-33　Tracking 对话框

STEP 04 ➤➤ 跟踪结束后，在预览窗口中可以查看调整后的视频效果，如图 17-34 所示。

图 17-34　查看调整后的视频效果

17.2.7　更换背景音乐

在导出调好色的天空素材时，将"音频 1"轨道静音了，后续没有取消静音，因此完成天空替换后的视频也是没有背景音乐的，用户可以直接更换更合适的背景音乐，并为其设置淡入淡出效果。下面介绍在达芬奇中更换背景音乐的操作方法。

扫码看视频

STEP 01 ▶▶ 切换至"剪辑"步骤面板，在"媒体池"面板中导入背景音乐，如图 17-35 所示。

STEP 02 ▶▶ 将背景音乐添加到"时间线"面板的"音频 2"轨道中，为视频添加一个背景音乐，如图 17-36 所示。

图 17-35　导入背景音乐　　　　　　　　图 17-36　为视频添加背景音乐

STEP 03 ▶▶ 使用刀片工具▦在 01:00:07:11 和 01:00:15:05 的位置对背景音乐进行分割，如图 17-37 所示。

STEP 04 ▶▶ 同时选择分割出的第 1 段和第 3 段音频，在音频上单击鼠标右键，在弹出的快捷菜单中选择"删除所选"命令，如图 17-38 所示，删除不需要的音频片段。

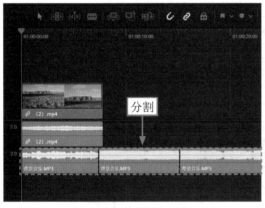

图 17-37　对背景音乐进行分割　　　　　　图 17-38　选择"删除所选"命令

STEP 05 ▶▶ 调整背景音乐的位置，如图 17-39 所示。

STEP 06 ▶▶ 在"检查器"面板的"音频"选项卡中，❶设置"音量"参数为 -15.00；❷单击"音量"选项右侧的◆按钮，如图 17-40 所示，调低背景音乐的音量，并在背景音乐的起始位置添加一个关键帧，◆按钮会变成红色◆。

STEP 07 ▶▶ 在"时间线"面板中拖曳时间轴至 01:00:01:00 的位置，如图 17-41 所示。

STEP 08 ▶▶ 在"检查器"面板的"音频"选项卡中，设置"音量"参数为 0.00，如图 17-42 所示，"音量"选项右侧的◆按钮会自动变成红色◆，添加第 2 个关键帧，制作出音频音量慢慢增加的效果。

图 17-39　调整背景音乐的位置

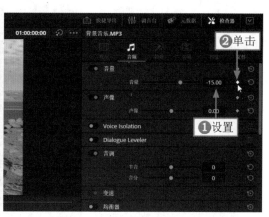

图 17-40　单击相应按钮（1）

图 17-41　拖曳时间轴至相应位置

图 17-42　设置"音量"参数（1）

STEP 09 ▶▶ 拖曳时间滑块至 01:00:06:24 的位置，在"检查器"面板的"音频"选项卡中，单击"音量"选项右侧的 ◆ 按钮，如图 17-43 所示，添加第 3 个关键帧，使音频的音量在第 2 个和第 3 个关键帧之间保持不变。

STEP 10 ▶▶ 拖曳时间滑块至 01:00:07:24 的位置，在"检查器"面板的"音频"选项卡中，设置"音量"参数为 -15.00，如图 17-44 所示，"音量"选项右侧的 ◆ 按钮会自动变成红色 ◆，添加第 4 个关键帧，制作出音频音量慢慢降低的效果，即可完成音频淡入淡出的设置。

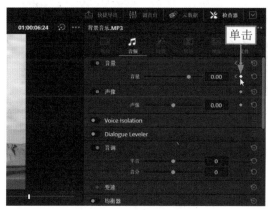

图 17-43　单击相应按钮（2）

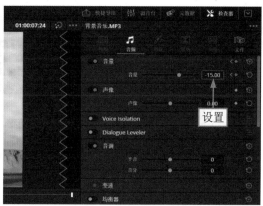

图 17-44　设置"音量"参数（2）

18

COLORIST

第18章 | 青绿色调：
电影《小森林 夏秋篇》调色

电影《小森林 夏秋篇》是《小森林》系列电影中的第1部，可以说它是日本清新系电影的一部代表作。该电影主要讲述了在夏秋季节，女主角市子回到家乡小森，与质朴的村民们一样过上了日出而作、日入而息的简单生活。本章以电影《小森林 夏秋篇》为例，介绍调出青绿色调的操作方法。

18.1 《小森林 夏秋篇》效果展示

电影《小森林 夏秋篇》中最具代表性的青绿色调可以让观众忘记烦恼，领略生活、自然与生命之美，从而感受到心灵被治愈。

在制作《小森林 夏秋篇》视频之前，首先来欣赏本案例的视频效果，并了解案例的学习目标、制作思路、知识讲解和要点讲堂。

18.1.1 效果欣赏

电影《小森林 夏秋篇》的调色效果展示如图 18-1 所示。

图 18-1 效果展示

18.1.2 学习目标

知识目标	掌握青绿色调的调色方法
技能目标	（1）掌握导入项目文件的操作方法 （2）掌握调出青绿色调的操作方法 （3）掌握添加划像转场的操作方法 （4）掌握设置转场参数的操作方法
本章重点	调出青绿色调
本章难点	设置转场参数
视频时长	5分45秒

18.1.3　制作思路

本案例首先介绍导入项目文件的方法，并调出青绿色调，然后添加划像转场，最后设置转场参数。图 18-2 所示为本案例视频的制作思路。

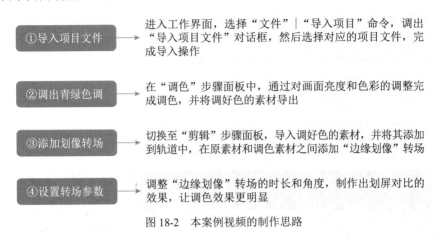

①导入项目文件　进入工作界面，选择"文件"|"导入项目"命令，调出"导入项目文件"对话框，然后选择对应的项目文件，完成导入操作

②调出青绿色调　在"调色"步骤面板中，通过对画面亮度和色彩的调整完成调色，并将调好色的素材导出

③添加划像转场　切换至"剪辑"步骤面板，导入调好色的素材，并将其添加到轨道中，在原素材和调色素材之间添加"边缘划像"转场

④设置转场参数　调整"边缘划像"转场的时长和角度，制作出划屏对比的效果，让调色效果更明显

图 18-2　本案例视频的制作思路

18.1.4　知识讲解

《小森林 夏秋篇》这一案例主要讲解了为电影素材调出青绿色调的技巧，让画面显得更通透，增加植物的饱和度和亮度。

18.1.5　要点讲堂

在本章内容中，会用到达芬奇的一个功能——转场，该功能的主要作用是使两段素材的切换变得更流畅。

为视频添加转场的方法为：切换至"剪辑"步骤面板，在"特效库"面板的"工具箱"|"视频转场"选项卡中选择需要的转场，按住鼠标左键将其拖曳至相应位置，释放鼠标左键即可完成添加转场操作。

18.2　《小森林 夏秋篇》制作流程

本节介绍调出青绿色调的操作方法，包括导入项目文件、调出青绿色调、添加划像转场及设置转场参数。希望大家熟练掌握本节内容，自己也可以将视频调出清新治愈的电影风格。

18.2.1　导入项目文件

除了在项目管理器面板中导入项目文件外，在工作界面中也可以导入并打开项目文件。下面介绍在达芬奇中导入项目文件的操作方法。

扫码看视频

STEP 01 ≫ 进入达芬奇的工作界面，选择"文件"|"导入项目"命令，如图 18-3 所示。

STEP 02 ≫ 执行操作后，弹出"导入项目文件"对话框，❶选择项目文件；❷单击"打开"按钮，如图 18-4 所示。

图 18-3 选择"导入项目"命令   图 18-4 单击"打开"按钮

STEP 03 ≫≫ 执行操作后，即可导入并打开选择的项目文件，达芬奇的标题栏中会显示项目文件的名称，如图 18-5 所示。

STEP 04 ≫≫ 在"剪辑"步骤面板中，将"媒体池"面板中的素材拖曳至"时间线"面板的"视频 1"轨道中，即可导入视频素材，如图 18-6 所示。

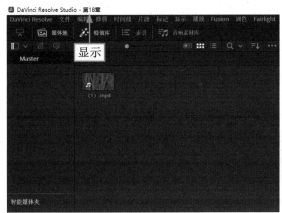

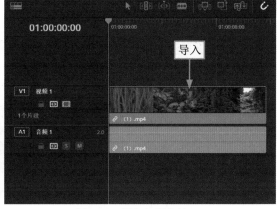

图 18-5 显示项目文件的名称   图 18-6 导入视频素材

18.2.2 调出青绿色调

观察素材，可以看到原画面由于是在阴天拍摄的，设备采光可能不够，拍出来的画面场景比较暗淡，色彩饱和度也比较低，难以体现出植物的生机感。下面介绍在达芬奇中调出青绿色调的操作方法。

扫码看视频

STEP 01 ≫≫ 切换至"调色"步骤面板，在"节点"面板的 01 节点上单击鼠标右键，在弹出的快捷菜单中选择"添加节点"|"添加串行节点"命令，如图 18-7 所示，添加一个串行节点。

STEP 02 ≫≫ 在 01 节点上单击鼠标右键，在弹出的快捷菜单中选择"节点标签"命令，如图 18-8 所示。

STEP 03 ≫≫ 执行操作后，01 节点的上方会出现输入框，在其中输入"明度"，单击任意空白位置，即可为 01 节点添加一个标签，如图 18-9 所示。

STEP 04 ≫≫ 使用与上面同样的方法，为 02 节点添加"色彩"标签，如图 18-10 所示。

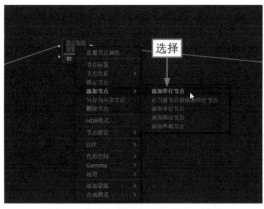

图 18-7　选择"添加串行节点"命令　　　　　图 18-8　选择"节点标签"命令

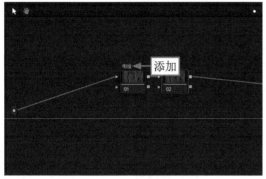　　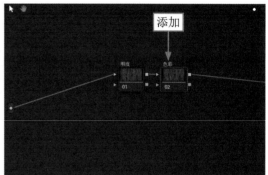

图 18-9　添加"明度"标签　　　　　　　　图 18-10　添加"色彩"标签

专家指点

　　在达芬奇中对素材进行调色时，可以先添加需要的节点，并分别将节点标签设置成对应的调色内容，这样既能让调色思路变得更清晰，又方便用户单独调整某个调色效果。

　　另外，单击某个节点的标签或编号，可以将节点隐藏，此时节点上的调色参数也会一起被隐藏，预览窗口中的画面也会变成没有添加节点的调色参数的效果，再次单击节点的标签或编号即可恢复。

STEP 05 >>> 选择 01 节点，在"一级 - 校色轮"面板中，设置"对比度"参数为 1.100、"阴影"参数为 20.00，如图 18-11 所示，提高画面的明暗对比度，并提亮画面中的黑色区域。

图 18-11　设置"对比度"和"阴影"参数

STEP 06 ▶▶▶ 在"曲线 - 自定义"面板中，❶单击"亮度"按钮 Y，进入亮度曲线调节通道；❷在亮度曲线上添加 1 个控制点并调整其位置，如图 18-12 所示，提亮画面的中间调部分，即可整体提亮画面。

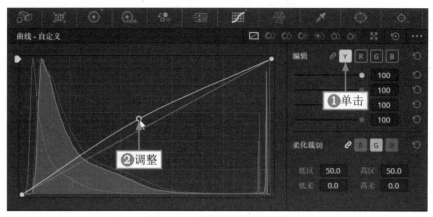

图 18-12　调整控制点的位置

STEP 07 ▶▶▶ 在预览窗口中，可以查看调整亮度后的画面效果，如图 18-13 所示。

图 18-13　查看调整亮度后的画面效果

STEP 08 ▶▶▶ 选择 02 节点，在"一级 - 校色轮"面板中，设置"色温"参数为 -300.0、"色调"参数为 -50.00、"饱和度"参数为 60.00，如图 18-14 所示，使画面偏冷青色，让画面中的色彩更浓郁。

图 18-14　设置相应参数

STEP 09 ▶▶▶ ❶展开"曲线 - 色相 对 饱和度"面板；❷单击面板底部的绿色色块▇；❸在曲线上添加 3 个控制点，如图 18-15 所示。

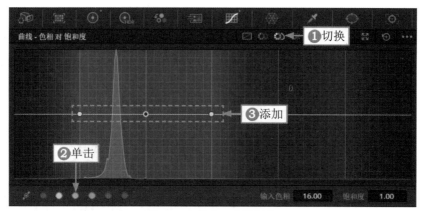

图 18-15　添加 3 个控制点

STEP 10 ▶▶▶ 向上拖曳添加的第 2 个控制点，如图 18-16 所示，直至面板下方的"输入色相"参数显示为 15.48、"饱和度"参数显示为 1.40，增加画面中绿色色相的饱和度。

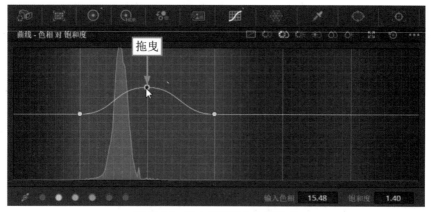

图 18-16　向上拖曳第 2 个控制点

STEP 11 ▶▶▶ 在预览窗口中，可以查看调整色彩后的画面效果，如图 18-17 所示。

图 18-17　查看调整色彩后的画面效果

STEP 12 ▶▶▶ 切换至"交付"步骤面板，在"渲染设置"面板中设置视频的名称、保存位置和导出格式，如图 18-18 所示。

STEP 13 ▶▶▶ 单击"添加到渲染队列"按钮，添加导出作业，在"渲染队列"面板中单击"渲染所有"按钮，如图 18-19 所示，将调色素材导出备用。

图 18-18　设置导出信息

图 18-19　单击"渲染所有"按钮

18.2.3　添加划像转场

转场不仅可以添加到同一条轨道的前后两段素材之间，也可以添加在不同轨道的某一段素材上，发挥转场的作用。下面介绍在达芬奇中添加划像转场的操作方法。

扫码看视频

STEP 01 ▶▶▶ 切换至"调色"步骤面板，在"节点"面板的空白位置处单击鼠标右键，在弹出的快捷菜单中选择"重置所有调色和节点"命令，如图 18-20 所示，即可删除添加的节点和调色效果。

STEP 02 ▶▶▶ 切换至"剪辑"步骤面板，在"媒体池"面板中导入调色素材，如图 18-21 所示。

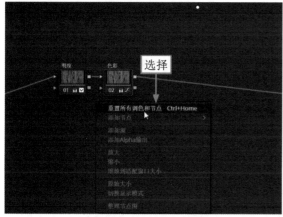

图 18-20　选择"重置所有调色和节点"命令

图 18-21　导入调色素材

STEP 03 ▶▶▶ 将调色素材添加到"时间线"面板的"视频 2"轨道中，如图 18-22 所示。

STEP 04 ▶▶▶ 在"特效库"面板的"工具箱"|"视频转场"选项卡中，选择"边缘划像"转场，如图 18-23 所示。

STEP 05 ▶▶▶ 将"边缘划像"转场添加至"视频 2"轨道素材的起始位置，即可为调色素材添加该转场，如图 18-24 所示。

图 18-22 将素材添加到轨道中　　　　　图 18-23 选择"边缘划像"转场

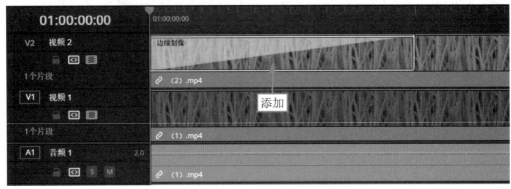

图 18-24 添加"边缘划像"转场

18.2.4 设置转场参数

在使用"边缘划像"转场制作调色划屏效果时，可以选择对整段视频进行划屏对比，也可以选择对视频中的不同场景分别进行划屏对比。下面介绍在达芬奇中设置转场参数的操作方法。

扫码看视频

STEP 01 ▷▷▷ 选择"边缘划像"转场，在"检查器"面板的"转场"选项卡中，设置"时长"
参数为 11.8 秒、"角度"参数为 90，如图 18-25 所示，即可让转场从左向右进行划像，并将转场作用于整段素材。

STEP 02 ▷▷▷ 在"音频 2"轨道的起始位置单击"静音轨道"按钮 M，如图 18-26 所示，将调色素材静音。

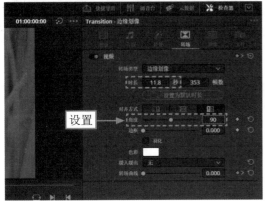

图 18-25 设置相应参数

图 18-26 单击"静音轨道"按钮

STEP 03 ≫ 在预览窗口中，可以查看制作好的划像效果，如图 18-27 所示。

图 18-27　查看制作好的划像效果

19

COLORIST

第19章 | 粉色色调：
电影《布达佩斯大饭店》调色

　　电影《布达佩斯大饭店》除了拥有跌宕起伏的剧情和丰富精致
的构图外，在色彩色调上也是独具特色，温柔、优雅的粉色色调是
电影的灵魂之一，能让观众在观影体验中产生温暖又治愈的感觉。
本章以电影《布达佩斯大饭店》为例，介绍调出粉色色调的操作
方法。

19.1 《布达佩斯大饭店》效果展示

电影《布达佩斯大饭店》构建了一个粉红色的童话王国，电影中的场景和人物大部分呈现出粉色的色调，犹如糖果的颜色。另外，电影中也有部分冷色调，将粉色调衬托得更加鲜活。

在制作《布达佩斯大饭店》视频之前，首先来欣赏本案例的视频效果，并了解案例的学习目标、制作思路、知识讲解和要点讲堂。

19.1.1 效果欣赏

《布达佩斯大饭店》的调色效果对比如图 19-1 所示。

图 19-1　调色效果对比

19.1.2 学习目标

知识目标	掌握粉色色调的调色方法
技能目标	（1）掌握调出粉色色调的操作方法 （2）掌握设置视频尺寸的操作方法 （3）掌握制作双屏效果的操作方法 （4）掌握添加并设置字幕的操作方法
本章重点	调出粉色色调
本章难点	制作双屏效果
视频时长	9分30秒

19.1.3　制作思路

本案例首先介绍调出粉色色调的方法，并设置视频尺寸，然后制作双屏效果，最后添加并设置字幕。图 19-2 所示为本案例视频的制作思路。

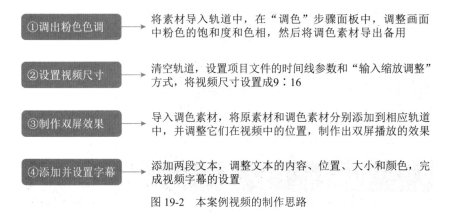

①调出粉色色调 →	将素材导入轨道中，在"调色"步骤面板中，调整画面中粉色的饱和度和色相，然后将调色素材导出备用
②设置视频尺寸 →	清空轨道，设置项目文件的时间线参数和"输入缩放调整"方式，将视频尺寸设置成9∶16
③制作双屏效果 →	导入调色素材，将原素材和调色素材分别添加到相应轨道中，并调整它们在视频中的位置，制作出双屏播放的效果
④添加并设置字幕 →	添加两段文本，调整文本的内容、位置、大小和颜色，完成视频字幕的设置

图 19-2　本案例视频的制作思路

19.1.4　知识讲解

《布达佩斯大饭店》这一案例主要讲解了为电影素材调出粉色色调的技巧，让画面的色彩更浓郁，增强电影的粉色氛围感。

19.1.5　要点讲堂

在本章内容中，会用到达芬奇的一个功能——字幕，该功能的主要作用是在画面的任意位置添加说明性或装饰性的文本。

为视频添加字幕的方法为：在"剪辑"步骤面板中展开"特效库"面板的"工具箱"|"标题"选项卡，选择一个标题样式，然后将其拖曳至"时间线"面板的轨道中。

19.2　《布达佩斯大饭店》制作流程

本节介绍调出粉色色调的操作方法，包括调出粉色色调、设置视频尺寸、制作双屏效果、添加并设置字幕。希望大家熟练掌握本节内容，自己也可以将视频调出梦幻温馨的电影风格。

19.2.1　调出粉色色调

在这部电影布景中，需要设置粉色的场景。就大面积的室外和室内空场景而言，提前设置白色的场景，可以方便调出粉色色调。因此在后期调色中，背景场景需要由白色调成粉色，而原来就是粉色的场景可能就会更浓郁。想对素材进行编辑，首先要创建一个项目，并完成素材的导入。下面介绍在达芬奇中调出粉色色调的操作方法。

扫码看视频

STEP 01 ▶▶ 打开一个项目文件，在"剪辑"步骤面板中，将"媒体池"面板中的素材添加到"时间线"面板的"视频 1"轨道中，如图 19-3 所示。

STEP 02 ▶▶▶ 在"剪辑"步骤面板的底部单击"调色"按钮，如图 19-4 所示，切换至"调色"步骤面板。

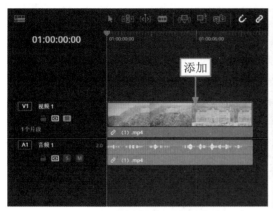

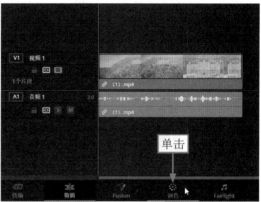

图 19-3　将素材添加到轨道中　　　　　　　　图 19-4　单击"调色"按钮

STEP 03 ▶▶▶ 在"一级 - 校色轮"面板中，设置"色调"参数为 40.00、"对比度"参数为 1.100、"阴影"参数为 -30.00、"饱和度"参数为 60.00，如图 19-5 所示，增加画面整体的明暗对比度和色彩浓度，使画面中的粉色更浓郁。

图 19-5　设置相应参数

STEP 04 ▶▶▶ ❶展开"曲线 - 色相 对 饱和度"面板；❷按住 Shift 键的同时在曲线上从左至右分别添加 4 个控制点，如图 19-6 所示。

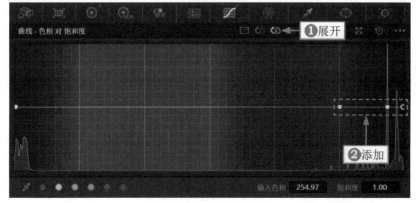

图 19-6　添加 4 个控制点

图19-6添加的4个控制点中，第1个和第2个控制点的作用是固定曲线，避免在调整粉色色相时影响其他颜色的效果；第3个和第4个控制点的作用是对粉色色相进行调整。

STEP 05 依次向上拖曳添加的第 3 个和第 4 个控制点，如图 19-7 所示，直至面板下方的"输入色相"参数显示为 256.00、"饱和度"参数显示为 1.39，增加画面中粉色色相的饱和度。

图 19-7　向上拖曳控制点（1）

STEP 06 ❶展开"曲线 - 饱和度 对 饱和度"面板；❷分别在低饱和区和中间位置添加 1 个控制点，如图 19-8 所示。

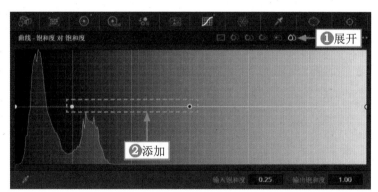

图 19-8　添加控制点

STEP 07 向上拖曳低饱和区中的控制点，如图 19-9 所示，直至面板下方的"输入饱和度"参数显示为 0.08、"输出饱和度"参数显示为 1.28，提高画面中低饱和区的色彩浓度。

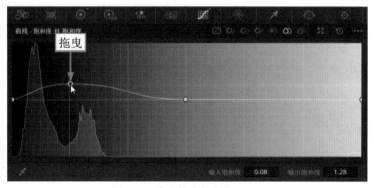

图 19-9　向上拖曳控制点（2）

STEP 08 >>> 在预览窗口中，可以查看画面的调色效果，如图 19-10 所示。

图 19-10 查看画面的调色效果

STEP 09 >>> 在"调色"步骤面板的底部单击"交付"按钮，如图 19-11 所示，切换至"交付"步骤面板。

STEP 10 >>> 在"渲染设置"面板中，❶设置视频的名称；❷单击"位置"选项右侧的"浏览"按钮，如图 19-12 所示。

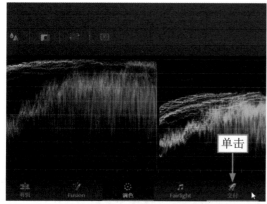

图 19-11 单击"交付"按钮

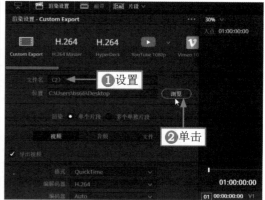

图 19-12 单击"浏览"按钮

STEP 11 >>> 在弹出的"文件目标"对话框中设置视频的保存位置，如图 19-13 所示，单击"保存"按钮即可。

STEP 12 >>> 在"导出视频"选项区中，❶单击"格式"选项右侧的下拉按钮；❷在弹出的下拉列表中选择 MP4 选项，如图 19-14 所示，设置视频的导出格式。

图 19-13 设置视频的保存位置

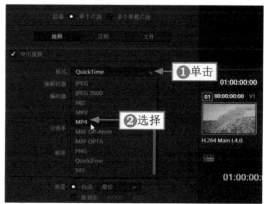

图 19-14 选择 MP4 选项

195

STEP 13 >>> 在"渲染设置"面板的右下方单击"添加到渲染队列"按钮，如图 19-15 所示，即可在"渲染队列"面板中添加一个名称为"作业 1"的导出项目。

STEP 14 >>> 在"渲染队列"面板中单击"渲染所有"按钮，如图 19-16 所示，即可将调色视频导出备用。

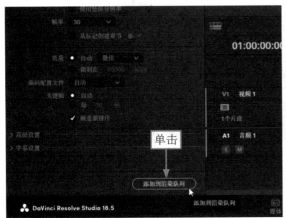

图 19-15　单击"添加到渲染队列"按钮　　　　　图 19-16　单击"渲染所有"按钮

19.2.2　设置视频尺寸

扫码看视频

　　一般来说，用户设置的分辨率参数就是视频最后导出的尺寸，因此，若想设置视频的尺寸，就需要对分辨率参数进行设置。下面介绍在达芬奇中设置视频尺寸的操作方法。

STEP 01 >>> 切换至"剪辑"步骤面板，在"视频 1"轨道中的素材上单击鼠标右键，在弹出的快捷菜单中选择"删除所选"命令，如图 19-17 所示，清空轨道。

STEP 02 >>> 选择"文件"|"项目设置"命令，如图 19-18 所示。

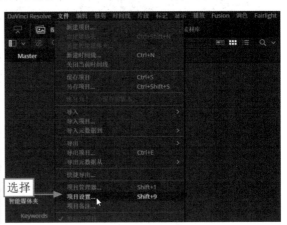

图 19-17　选择"删除所选"命令　　　　　图 19-18　选择"项目设置"命令

STEP 03 >>> 执行操作后，弹出"项目设置：第 19 章"对话框，在"主设置"选项卡中，❶设置"时间线分辨率"参数为 1080×1920；❷选中"使用竖屏分辨率"复选框，如图 19-19 所示，修改视频的尺寸。

STEP 04 >>> ❶切换至"图像缩放调整"选项卡；❷在"输入缩放调整"选项区中单击"分辨率不匹配的文件"选项右侧的下拉按钮；❸在弹出的下拉列表中选择"缩放原图至适配大小且不出现裁切"选项，如图 19-20 所示，避免将横屏素材导入轨道后画面被裁切，单击"保存"按钮，即可完成视频尺寸的设置。

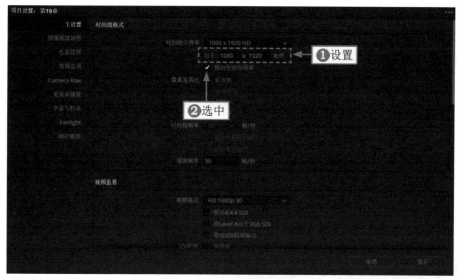

图 19-19　选中"使用竖屏分辨率"复选框

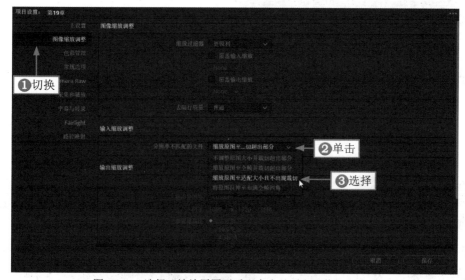

图 19-20　选择"缩放原图至适配大小且不出现裁切"选项

STEP 05 ▶▶ 在"检视器"面板中会显示一块竖屏的黑幕，如图 19-21 所示，这块黑幕就是设置好的视频尺寸。

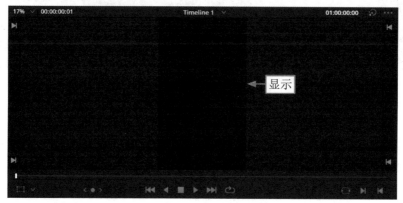

图 19-21　显示一块竖屏的黑幕

19.2.3 制作双屏效果

为了让调色效果更明显，除了制作调色划屏对比效果外，还可以制作双屏效果，在一个屏幕中，同时展示原素材和调色素材这两段视频。下面介绍在达芬奇中制作双屏效果的操作方法。

扫码看视频

STEP 01 ▶▶ 选择"文件"|"导入"|"媒体"命令，如图 19-22 所示。

STEP 02 ▶▶ 执行操作后，弹出"导入媒体"对话框，❶选择调色素材；❷单击"打开"按钮，如图 19-23 所示，将调色素材导入"媒体池"面板中。

图 19-22　选择"媒体"命令　　　　　图 19-23　单击"打开"按钮

STEP 03 ▶▶▶ ❶将调色素材添加到"视频 1"轨道中；❷将原素材添加到"视频 2"轨道中，如图 19-24 所示。

STEP 04 ▶▶ 在"音频 2"轨道的起始位置单击"静音轨道"按钮 M，如图 19-25 所示，将原素材静音。

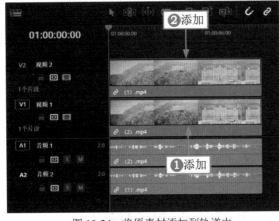
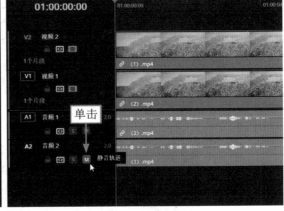

图 19-24　将原素材添加到轨道中　　　　　图 19-25　单击"静音轨道"按钮

STEP 05 ▶▶ 选择调色素材，在"检查器"面板的"视频"选项卡中，设置"位置"选项的 Y 参数为 -1400.00，如图 19-26 所示，调整调色素材的位置。

STEP 06 ▶▶ 选择原素材，在"检查器"面板的"视频"选项卡中，设置"位置"选项的 Y 参数为 1300.000，如图 19-27 所示，调整原素材的位置。

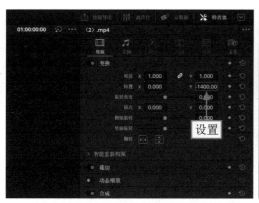

图 19-26 设置"位置"参数（1）

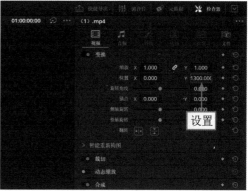

图 19-27 设置"位置"参数（2）

STEP 07 ⟫⟫ 在预览窗口中，可以查看制作的双屏效果，如图 19-28 所示。

图 19-28 查看制作的双屏效果

19.2.4 添加并设置字幕

为了让调色前后的效果更直观，可以添加字幕来进行说明，并对字幕的位置、大小和颜色进行设置。下面介绍在达芬奇中添加并设置字幕的操作方法。

扫码看视频

STEP 01 ⟫⟫ 在"特效库"面板中，❶切换至"工具箱"|"标题"选项卡；❷在"字幕"选项区中选择一个字幕样式，如图 19-29 所示。

STEP 02 ⟫⟫ 将选择的字幕样式拖曳至"时间线"面板的"视频 3"轨道中，即可为视频添加第 1 段文本，如图 19-30 所示。

STEP 03 ⟫⟫ 调整字幕的持续时长，使其与视频的时长保持一致，如图 19-31 所示。

STEP 04 ⟫⟫ 选择字幕，在"检查器"面板的"视频"|"标题"选项卡中修改文本内容，如图 19-32 所示。

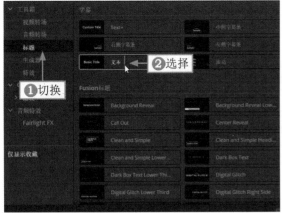

图 19-29　选择字幕样式

图 19-30　添加第 1 段文本

图 19-31　调整文本时长

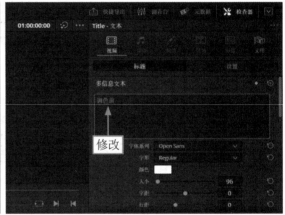

图 19-32　修改文本内容

STEP 05 ❶设置"字体系列"为"黑体"；❷单击"颜色"选项右侧的色块，如图 19-33 所示。

STEP 06 在弹出的"选择颜色"对话框中单击 Pick Screen Color（拾取屏幕颜色）按钮，如图 19-34 所示，此时光标会变成选取器图标 。

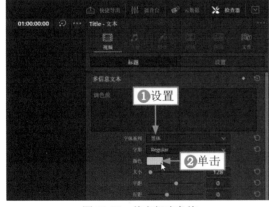

图 19-33　单击相应色块

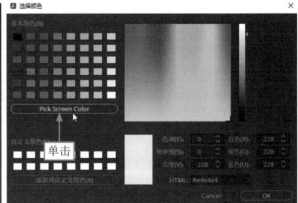

图 19-34　单击 Pick Screen Color 按钮

STEP 07 在预览窗口的调色素材上用选取器 在合适的位置上单击，如图 19-35 所示，即可拾取该位置的颜色。

图 19-35　在调色素材上单击

STEP 08 >>> 在"选择颜色"对话框中会显示拾取颜色的相关参数，单击 OK 按钮，如图 19-36 所示，即可完成文本颜色的设置。

　从画面中拾取到满意的颜色后，可以单击"添加到自定义颜色"按钮，将拾取的颜色添加到"自定义颜色"选项区中，若下次想使用这个颜色，直接在该选项区中选择即可。

STEP 09 >>> 设置"大小"参数为 75、"字距"参数为 10，如图 19-37 所示，调整文字的大小和间距。

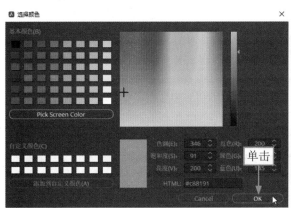

图 19-36　单击 OK 按钮

图 19-37　设置相应参数（1）

STEP 10 >>> 设置"位置"选项的 Y 参数为 1790.000，如图 19-38 所示，调整字幕在画面中的位置，使其位于原素材的画面上方。

STEP 11 >>> ❶拖曳时间滑块至字幕的结束位置；❷在字幕上单击鼠标右键，在弹出的快捷菜单中选择"复制"命令，如图 19-39 所示，将字幕复制一份。

STEP 12 >>> 在时间轴右侧的空白位置处单击鼠标右键，在弹出的快捷菜单中选择"粘贴"命令，如图 19-40 所示，即可将复制的字幕粘贴在第 1 段字幕的后面，为视频添加第 2 段字幕。

STEP 13 >>> 将粘贴的第 2 段字幕拖曳至"视频 4"轨道中，使其与第 1 段字幕对齐，如图 19-41 所示。

图 19-38 设置相应参数（2）

图 19-39 选择"复制"命令

图 19-40 选择"粘贴"命令

图 19-41 将字幕拖曳至相应轨道

专家指点

　　在粘贴字幕时，复制的字幕会以时间滑块所在的位置为起始位置粘贴在轨道中，因此用户要先将时间轴移动至右侧没有任何文本的位置，以避免粘贴的文本覆盖其他文本。

STEP 14 ▶▶ 在"检查器"面板的"视频"|"标题"选项卡中，❶修改第 2 段字幕的内容；❷设置"位置"选项的 Y 参数为 930.000，如图 19-42 所示，调整第 2 段字幕的位置，使其位于调色素材的画面上方。

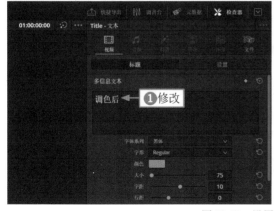

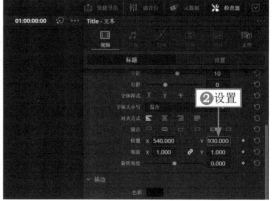

图 19-42 设置相应参数（3）

STEP 15 》》　在预览窗口中，可以查看添加和设置的字幕效果，如图 19-43 所示，即可完成视频的制作。

图 19-43　查看添加和设置的字幕效果

COLORIST

20

CMBC

第20章 | 冷暖对比色调：
电影《天使爱美丽》调色

　　电影一般喜欢用冷暖对比色调，这种色调能给观众带来不一样
的视觉体验。电影《天使爱美丽》色调对比强烈，极具风格化，在
色彩的表现上，传递的是主角爱美丽有趣和独特的灵魂。本章以电
影《天使爱美丽》为例，介绍调出冷暖对比色调的方法。

20.1 《天使爱美丽》效果展示

在电影《天使爱美丽》中，将红色、橙色等暖色调与绿色等冷色调的对比配合用到了极致，高饱和的强对比色调，表现了有"心脏病"的女主爱美丽在追求爱情中的矛盾与挣扎。

在制作《天使爱美丽》视频之前，首先来欣赏本案例的视频效果，并了解案例的学习目标、制作思路、知识讲解和要点讲堂。

20.1.1 效果欣赏

电影《天使爱美丽》的调色效果对比如图 20-1 所示。

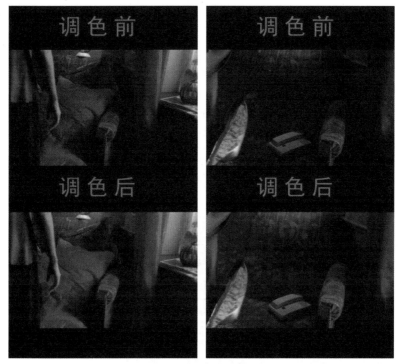

图 20-1　调色效果对比

20.1.2 学习目标

知识目标	掌握冷暖对比色调的调色方法
技能目标	（1）掌握缩放视频画面的操作方法 （2）掌握设置字幕样式的操作方法 （3）掌握增强冷暖对比的操作方法 （4）掌握优化人物肤色的操作方法 （5）掌握保存渲染预设的操作方法
本章重点	增强冷暖对比
本章难点	优化人物肤色
视频时长	12分16秒

20.1.3　制作思路

本案例首先介绍缩放视频画面的方法，并设置字幕样式，然后增强冷暖对比和优化人物肤色，最后保存渲染预设。图 20-2 所示为本案例视频的制作思路。

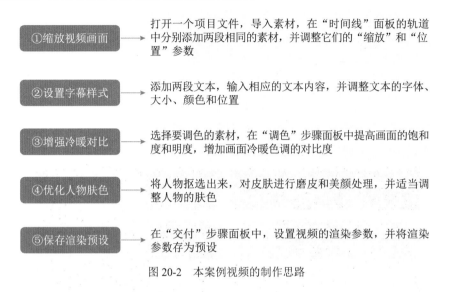

①缩放视频画面	打开一个项目文件，导入素材，在"时间线"面板的轨道中分别添加两段相同的素材，并调整它们的"缩放"和"位置"参数
②设置字幕样式	添加两段文本，输入相应的文本内容，并调整文本的字体、大小、颜色和位置
③增强冷暖对比	选择要调色的素材，在"调色"步骤面板中提高画面的饱和度和明度，增加画面冷暖色调的对比度
④优化人物肤色	将人物抠选出来，对皮肤进行磨皮和美颜处理，并适当调整人物的肤色
⑤保存渲染预设	在"交付"步骤面板中，设置视频的渲染参数，并将渲染参数存为预设

图 20-2　本案例视频的制作思路

20.1.4　知识讲解

《天使爱美丽》这一案例主要讲解了为电影素材调出冷暖对比色调的技巧，增加画面色彩的浓度，加强画面中冷暖色调的对比。

20.1.5　要点讲堂

在本章内容中，会用到达芬奇的一个功能——渲染预设，该功能的主要作用是将设置的渲染参数保存起来，以便下次渲染视频时可以直接使用，无须重复设置。

为视频应用渲染预设的方法为：切换至"交付"步骤面板，在"渲染设置"面板的上方选择合适的预设，即可使用该预设进行导出。

20.2　《天使爱美丽》制作流程

本节介绍调出冷暖对比色调的操作方法，包括缩放视频画面、设置字幕样式、增强冷暖对比、优化人物肤色以及保存渲染预设。希望大家熟练掌握本节内容，自己也可以将视频调出复古的电影风格。

20.2.1　缩放视频画面

在竖屏视频中导入横屏素材时，如果不想对项目进行设置，又不希望素材被裁切，可以直接调整素材的缩放参数，使素材完整显示在画面中。下面介绍在达芬奇中缩放视频画面的操作方法。

扫码看视频

STEP 01 ▶▶ 打开一个项目文件，在"快编"步骤面板的"媒体池"面板中单击"导入媒体"按钮■，如

图 20-3 所示。

STEP 02 >>> 在弹出的"导入媒体"对话框中，❶选择视频素材；❷单击"打开"按钮，如图 20-4 所示。

图 20-3 单击"导入媒体"按钮

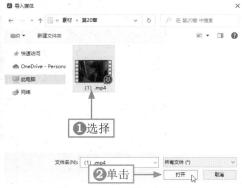

图 20-4 单击"打开"按钮

STEP 03 >>> 将素材导入"媒体池"面板中，切换至"剪辑"步骤面板，将素材拖曳至"时间线"面板的"视频 1"轨道中，如图 20-5 所示。

STEP 04 >>> 选择素材，在"检查器"面板的"视频"选项卡中，设置"缩放"选项的 X 和 Y 参数均为 0.320、"位置"选项的 Y 参数为 410.000，如图 20-6 所示，调整素材画面的大小和位置。

图 20-5 将素材拖曳至轨道中

图 20-6 设置相应参数（1）

STEP 05 >>> 在"时间线"面板的"视频 2"轨道中导入相同的素材，如图 20-7 所示。

STEP 06 >>> 选择素材，在"检查器"面板的"视频"选项卡中，设置"缩放"选项的 X 和 Y 参数均为 0.320、"位置"选项的 Y 参数为 -450.000，如图 20-8 所示，调整该素材画面的位置和大小。

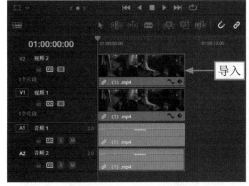

图 20-7 导入相同的素材

图 20-8 设置相应参数（2）

STEP 07 >>> 在预览窗口中，可以查看调整素材后的画面效果，如图 20-9 所示。

图 20-9　查看调整素材后的画面效果

20.2.2　设置字幕样式

扫码看视频

在添加好字幕后，除了可以对字幕的内容进行调整之外，还可以对字幕的样式进行设置，让字幕更美观。下面介绍在达芬奇中设置字幕样式的操作方法。

STEP 01 >>> 在"特效库"面板中，❶切换至"工具箱"|"标题"选项卡；❷选择一种字幕样式，如图 20-10 所示。

STEP 02 >>> 将选择的字幕样式拖曳至"时间线"面板的"视频 3"轨道中，即可为视频添加第 1 段字幕，如图 20-11 所示。

图 20-10　选择一种字幕样式　　　　　　图 20-11　添加第 1 段字幕

STEP 03 >>> 调整第 1 段字幕的时长，使其与视频时长保持一致，如图 20-12 所示。

STEP 04 >>> 使用与上面同样的方法，在"视频 4"轨道中添加第 2 段字幕，并调整其时长，如图 20-13 所示。

图 20-12　调整字幕时长（1）　　　　　　图 20-13　调整字幕时长（2）

STEP 05 ▷▷ 选择第1段字幕，在"检查器"面板的"视频"|"标题"选项卡中，❶修改字幕的内容；❷设置"字体"为"黑体"，如图20-14所示。

STEP 06 ▷▷ 单击"颜色"选项右侧的色块，弹出"颜色"对话框，设置"红色"参数为255、"绿色"参数为43、"蓝色"参数为28，如图20-15所示，单击OK按钮，即可将字幕的文字颜色设置为红色。

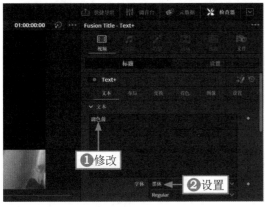

图20-14 设置"字体"为"黑体"（1）

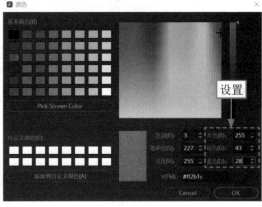

图20-15 设置相应参数（1）

专家指点 因为字幕的默认字体为英文字体，所以在输入中文内容时可能在画面中无法显示出来，此时只需将字体更改为中文字体，就可以正常显示了。

STEP 07 ▷▷ 在"标题"选项卡中，设置"字距"参数为1.2，如图20-16所示，增加文本之间的距离。

STEP 08 ▷▷ ❶切换至"设置"选项卡；❷设置"缩放"选项的X和Y参数均为1.530、"位置"选项的Y参数为850.000，如图20-17所示，将字幕放大，并调整字幕的位置，即完成对第1段字幕的样式设置。

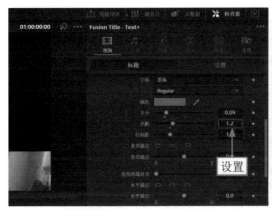

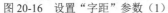

图20-16 设置"字距"参数（1）

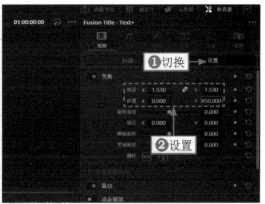

图20-17 设置相应参数（2）

STEP 09 ▷▷ 选择第2段字幕，在"视频"|"标题"选项卡中，❶修改字幕的内容；❷设置"字体"为"黑体"，如图20-18所示。

STEP 10 ▷▷ ❶修改字幕的文本颜色；❷设置"字距"参数为1.2，如图20-19所示。

STEP 11 ▷▷ ❶切换至"设置"选项卡；❷设置"缩放"选项的X和Y参数均为1.530，如图20-20所示，完成对第2段字幕的样式设置。

STEP 12 ▷▷ 在预览窗口中，可以查看设置的字幕样式，如图20-21所示。

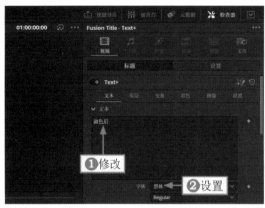
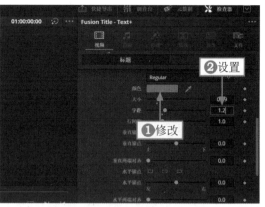

图 20-18　设置"字体"为"黑体"（2）　　　　图 20-19　设置"字距"参数（2）

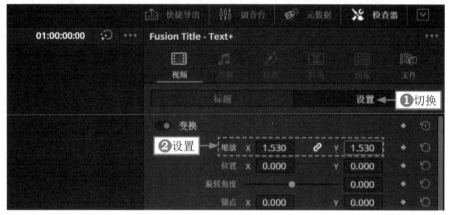

图 20-20　设置"缩放"参数

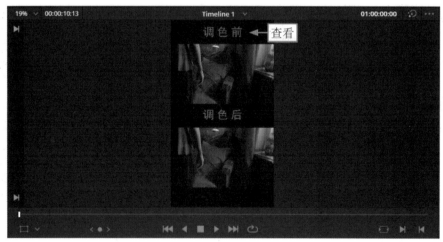

图 20-21　查看设置的字幕样式

20.2.3　增强冷暖对比

原电影画面色调偏暗，而且色彩饱和度不高，冷暖色对比不够强烈，因此后期调色需要提高画面中暖色和冷色的饱和度，增强对比。下面介绍在达芬奇中增强冷暖对比的操作方法。

STEP 01 >>> 在"剪辑"步骤面板的底部单击"调色"按钮，如图 20-22 所示，切换至"调色"步骤面板。

STEP 02 >>> 在"节点"面板中选择第 2 段素材，如图 20-23 所示。

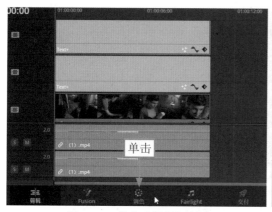

图 20-22　单击"调色"按钮

图 20-23　选择第 2 段素材

STEP 03 >>> 在"一级 - 校色轮"面板中，设置"色温"参数为 -400.0、"色调"参数为 50.00、"对比度"参数为 1.100、"阴影"参数为 20.00、"饱和度"参数为 60.00，如图 20-24 所示，提亮画面中的黑色区域，增加画面的明暗对比度并增强色彩对比效果。

图 20-24　设置相应参数

STEP 04 >>> ❶切换至"曲线 - 色相 对 饱和度"面板；❷依次单击面板下方的 6 个色块；❸在曲线上添加 6 个控制点，如图 20-25 所示。

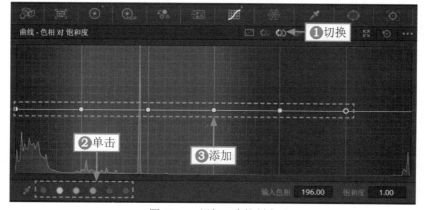

图 20-25　添加 6 个控制点

STEP 05 ▶▶▶ 依次向上拖曳第 1 个至第 5 个控制点，如图 20-26 所示，在增加画面中红色、黄色等暖色调的饱和度的同时，也增加了画面中绿色、青色和蓝色等冷色调的饱和度，使冷暖对比更突出。

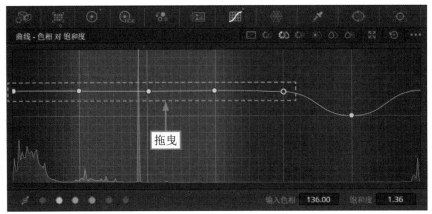

图 20-26　向上拖曳控制点（1）

STEP 06 ▶▶▶ ❶切换至"曲线 - 饱和度 对 饱和度"面板；❷按住 Shift 键的同时在低饱和区和中间位置分别添加 1 个控制点，如图 20-27 所示。

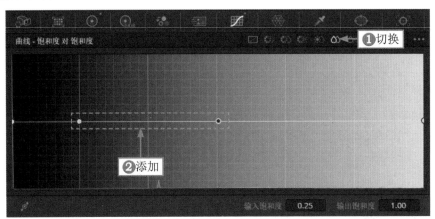

图 20-27　添加控制点

STEP 07 ▶▶▶ 向上拖曳低饱和区中的控制点，如图 20-28 所示，直至面板下方的"输入饱和度"参数显示为 0.08、"输出饱和度"参数显示为 1.32，增加低饱和区中的色彩浓度，平衡画面的色彩饱和度。

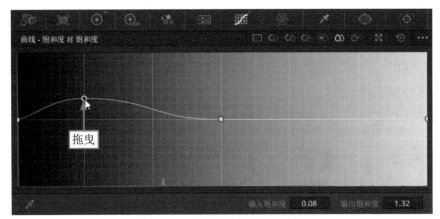

图 20-28　向上拖曳控制点（2）

STEP 08 ▶▶ 在预览窗口中，可以查看调色后的画面效果，如图 20-29 所示。

图 20-29　查看调色后的画面效果

20.2.4　优化人物肤色

完成对画面的调色后，会发现画面中人像的肤色变得有些奇怪，因此需要进行优化。下面介绍在达芬奇中优化人物肤色的操作方法。

STEP 01 ▶▶ 在"节点"面板的 01 节点后面添加一个编号为 02 的串行节点，如图 20-30 所示。

扫码看视频

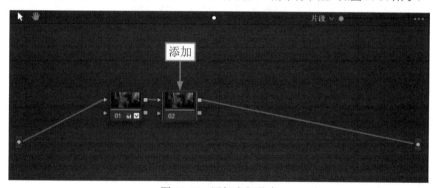

图 20-30　添加串行节点

STEP 02 ▶▶ 在"窗口"面板中，单击圆形"窗口激活"按钮◐，如图 20-31 所示。

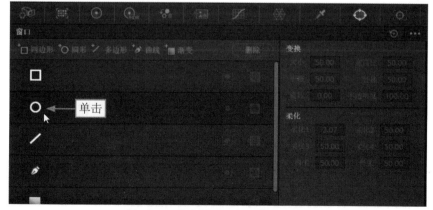

图 20-31　单击圆形"窗口激活"按钮

STEP 03 ❶拖曳时间滑块至相应位置；❷在预览窗口的图像上调整圆形蒙版的大小和位置，如图20-32所示。

图 20-32　调整圆形蒙版的大小和位置

STEP 04 在"跟踪器 - 窗口"面板中，单击"正向跟踪与反向跟踪"按钮，如图 20-33 所示，即可在前后的素材画面中运动跟踪绘制的窗口。

图 20-33　单击"正向跟踪与反向跟踪"按钮

STEP 05 在"限定器 -HSL"面板中单击"拾取器"按钮，如图 20-34 所示。

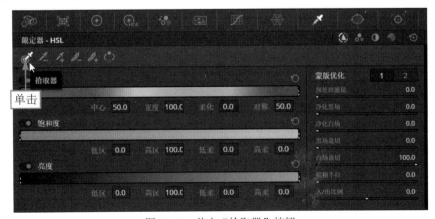

图 20-34　单击"拾取器"按钮

STEP 06 ❶在"检视器"面板的上方单击"突出显示"按钮 ，以便于查看选取效果；❷在预览窗口中按住鼠标左键，拖曳光标选取人物皮肤，如图 20-35 所示。

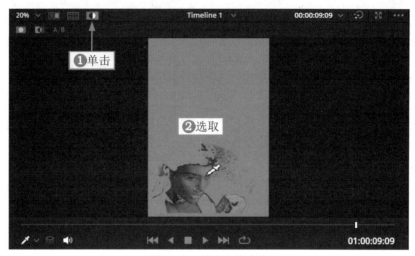

图 20-35　选取人物皮肤

STEP 07 在"限定器 -HSL"面板的"蒙版优化"选项区中，设置"净化白场"参数为 70.0，如图 20-36 所示，优化选取的区域。

图 20-36　设置"净化白场"参数

STEP 08 在"特效库"面板的"素材库"选项卡中，选择"Resolve FX 美化"选项区中的"美颜"滤镜，如图 20-37 所示。

图 20-37　选择"美颜"滤镜

STEP 09 >>> 将"美颜"滤镜拖曳至 02 节点上，即可为视频添加该滤镜，如图 20-38 所示。

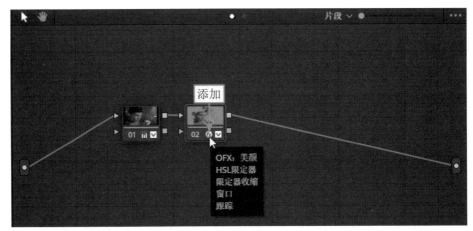

图 20-38　添加"美颜"滤镜

STEP 10 >>> 在"设置"选项卡的"磨皮"选项区中，设置"强度"参数为 0.600、"级别"参数为 0.800，如图 20-39 所示，加强滤镜的磨皮效果。

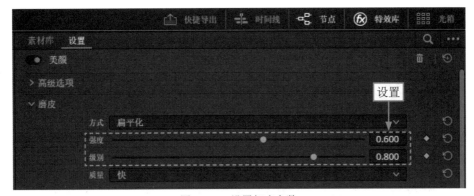

图 20-39　设置相应参数

STEP 11 >>> ❶单击"曲线"按钮；❷在展开的面板中单击"色相 对 饱和度"按钮，如图 20-40 所示，展开"曲线 - 色相 对 饱和度"面板。

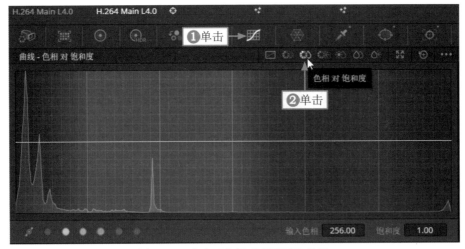

图 20-40　单击"色相 对 饱和度"按钮

STEP 12 >>> 使用"限定器"工具██在选取的人物皮肤上单击鼠标左键，即可在曲线上自动添加3个控制点。向下拖曳第2个控制点，如图20-41所示，直至面板下方的"输入色相"参数显示为275.06、"饱和度"参数显示为0.84，即可降低人物皮肤中的红色饱和度，让人物肤色变回正常。

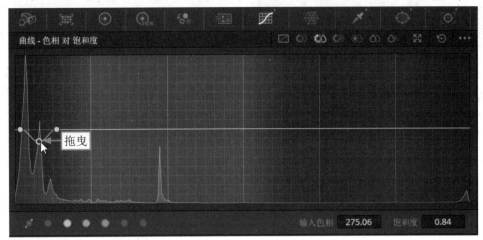

图 20-41　向下拖曳控制点

STEP 13 >>> 在预览窗口中，可以查看调色素材中人物肤色的调整效果，如图20-42所示。

图 20-42　查看调色素材中人物肤色的调整效果

20.2.5　保存渲染预设

在每次渲染视频时，可能都要设置一些相同的渲染参数。因此，可以将设置的参数保存为一个预设，这样在渲染视频时直接选择对应的预设即可，减少了重复设置参数的时间。下面介绍在达芬奇中保存渲染预设的操作方法。

扫码看视频

STEP 01 >>> 在"调色"步骤面板的底部单击"交付"按钮，如图20-43所示，进入"交付"步骤面板。

STEP 02 >>> 在"渲染设置"面板中，❶修改视频名称；❷单击"位置"选项右侧的"浏览"按钮，如图20-44所示。

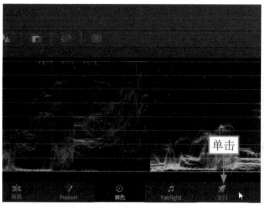

图 20-43　单击"交付"按钮

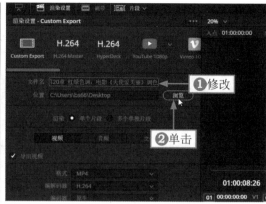

图 20-44　单击"浏览"按钮

STEP 03 >>> 在弹出的"文件目标"对话框中设置视频的保存位置，如图 20-45 所示，然后单击"保存"按钮即可。

STEP 04 >>> 在"导出视频"选项区中，❶单击"格式"选项右侧的下拉按钮；❷在弹出的下拉列表中选择 MP4 选项，如图 20-46 所示，将视频的导出格式设置为 MP4。

图 20-45　设置视频的保存位置

图 20-46　选择 MP4 选项

STEP 05 >>> 在"导出视频"选项区中，❶单击"自动"单选按钮右侧的下拉按钮；❷在弹出的下拉列表中选择"高"选项，如图 20-47 所示，调整视频导出的质量。

STEP 06 >>> 在"渲染设置"面板的顶部，❶单击 ⋯ 按钮；❷在弹出的列表框中选择"另存为新预设"选项，如图 20-48 所示。

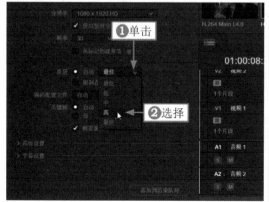

图 20-47　选择"高"选项

图 20-48　选择"另存为新预设"选项

专家指点　　在达芬奇中，视频导出的质量默认为"最佳"，但是导出质量与视频的占用空间息息相关，导出质量越高，视频的占用空间就越大。因此，在导出视频时，可以通过降低导出质量来缩小视频的占用空间。

STEP 07 ▶▶ 执行操作后，弹出"渲染预设"对话框，❶输入预设的名称；❷单击OK按钮，如图20-49所示，即可保存预设。

图 20-49　单击 OK 按钮

STEP 08 ▶▶ 在"渲染设置"面板的上方会显示保存的预设，如图20-50所示。

STEP 09 ▶▶ 单击"渲染设置"面板右下角的"添加到渲染队列"按钮，如图20-51所示，即可将导出作业添加到"渲染队列"面板中。

图 20-50　显示保存的预设

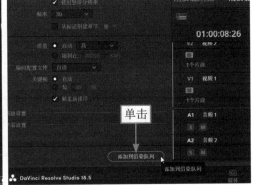

图 20-51　单击"添加到渲染队列"按钮

STEP 10 ▶▶ 在"渲染队列"面板中单击"渲染所有"按钮，如图20-52所示，即可导出视频。

STEP 11 ▶▶ 导出完成后，❶在"渲染队列"面板的右侧单击■■■按钮；❷在弹出的列表框中选择"清除已渲染的作业"选项，如图20-53所示，即可删除作业，"渲染队列"面板中会显示"队列中没有作业"。

图 20-52　单击"渲染所有"按钮

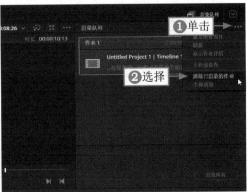

图 20-53　选择"清除已渲染的作业"选项

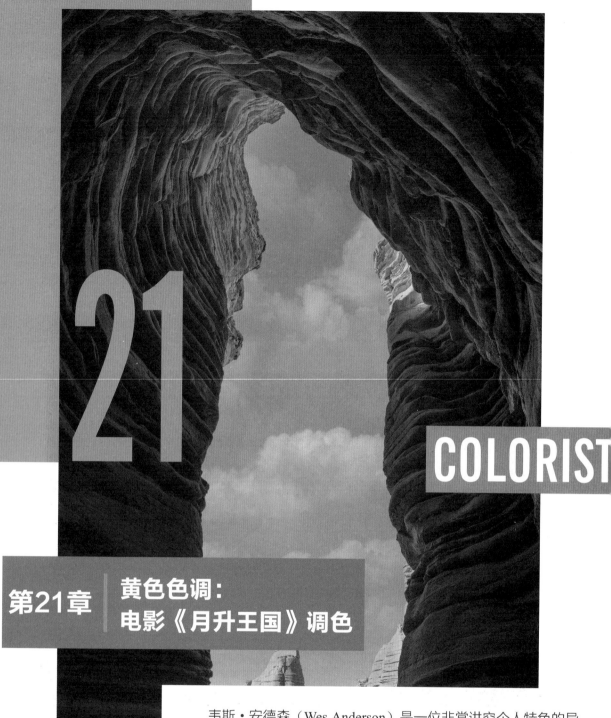

21

COLORIST

第21章 | 黄色色调：
电影《月升王国》调色

　　韦斯·安德森（Wes Anderson）是一位非常讲究个人特色的导演，他的电影也继承了这个特点，每一部都有其独特的风格，电影《月升王国》就是他的作品之一。这部电影除了拥有对称的画面和奇趣的故事之外，从头至尾的黄色色调也给人留下了深刻的印象。本章就以电影《月升王国》为例，介绍调出黄色色调的方法。

21.1 《月升王国》效果展示

电影《月升王国》中所有的黄色色调都非常和谐，电影中不仅服装是黄色系的，就连各种道具和场景设置也是黄色系的，画面十分特别，犹如童话世界一般。

在制作《月升王国》视频之前，首先来欣赏本案例的视频效果，并了解案例的学习目标、制作思路、知识讲解和要点讲堂。

21.1.1 效果欣赏

电影《月升王国》的调色效果对比如图 21-1 所示。

图 21-1 调色效果对比

21.1.2 学习目标

知识目标	掌握黄色色调的调色方法
技能目标	（1）掌握调出黄色色调的操作方法 （2）掌握适当调整人像的操作方法 （3）掌握快捷导出素材的操作方法 （4）掌握保存项目预设的操作方法 （5）掌握调整素材位置的操作方法 （6）掌握添加花样字幕的操作方法
本章重点	调出黄色色调
本章难点	适当调整人像
视频时长	9分25秒

21.1.3　制作思路

本案例首先介绍调出黄色色调的方法，并适当调整人像，然后快捷导出素材、保存项目预设以及调整素材的位置，最后添加花样字幕。图 21-2 所示为本案例视频的制作思路。

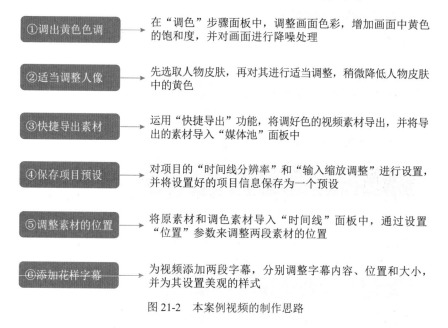

①调出黄色色调	在"调色"步骤面板中，调整画面色彩，增加画面中黄色的饱和度，并对画面进行降噪处理
②适当调整人像	先选取人物皮肤，再对其进行适当调整，稍微降低人物皮肤中的黄色
③快捷导出素材	运用"快捷导出"功能，将调好色的视频素材导出，并将导出的素材导入"媒体池"面板中
④保存项目预设	对项目的"时间线分辨率"和"输入缩放调整"进行设置，并将设置好的项目信息保存为一个预设
⑤调整素材的位置	将原素材和调色素材导入"时间线"面板中，通过设置"位置"参数来调整两段素材的位置
⑥添加花样字幕	为视频添加两段字幕，分别调整字幕内容、位置和大小，并为其设置美观的样式

图 21-2　本案例视频的制作思路

21.1.4　知识讲解

《月升王国》这一案例主要讲解为电影素材调出黄色色调的技巧，提高画面的清晰度和黄色色相的饱和度，增强画面的童话感。

21.1.5　要点讲堂

在本章内容中，会用到达芬奇的一个功能——快捷导出，该功能的主要作用是快速将轨道中的素材导出。

为视频应用快捷导出的方法为：在"快编""剪辑"或"调色"步骤面板的右上角单击"快捷导出"按钮，在"快捷导出"对话框中选择渲染预设，根据提示进行操作即可。

21.2　《月升王国》制作流程

本节介绍为电影《月升王国》进行调色的操作方法，包括调出黄色色调、适当调整人像、快捷导出素材、保存项目预设、调整素材的位置以及添加花样字幕。希望大家熟练掌握本节内容，自己也可以将视频调出富有童趣的电影风格。

21.2.1 调出黄色色调

原图像画面色调饱和度不高，但是特定的场景和服装道具都是黄色系的，因此后期调色很容易把黄色色调调出来。下面介绍在达芬奇中调出黄色色调的操作方法。

STEP 01 >>> 打开一个项目文件，切换至"调色"步骤面板，在"节点"面板的 01 节点后面添加两个串行节点，如图 21-3 所示。

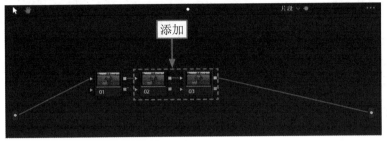

图 21-3 添加两个串行节点

STEP 02 >>> 选择 02 节点，在"一级 - 校色轮"面板中，设置"色温"参数为 300.0、"对比度"参数为 1.100、"饱和度"参数为 65.00，如图 21-4 所示，使画面的色调偏暖黄色，增强画面的明暗对比度，增加画面中的黄色和色彩浓度。

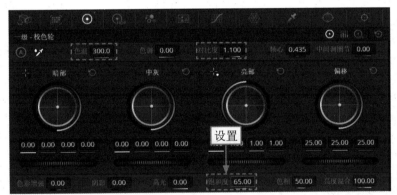

图 21-4 设置相应参数

STEP 03 >>> 在"曲线 - 色相 对 饱和度"面板中，❶单击面板底部的黄色色块，添加 3 个控制点；❷向上拖曳添加的第 2 个控制点，如图 21-5 所示，直至面板下方的"输入色相"参数显示为 316.26、"饱和度"参数显示为 1.47，增加画面中黄色色相的浓度。

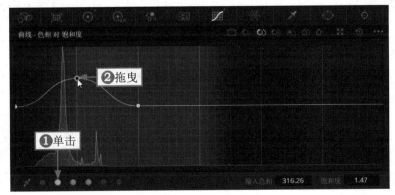

图 21-5 向上拖曳控制点

STEP 04 ▷▷ 在"特效库"面板的"素材库"选项卡中，选择"Resolve FX 锐化"选项区中的"锐化"滤镜，如图 21-6 所示。

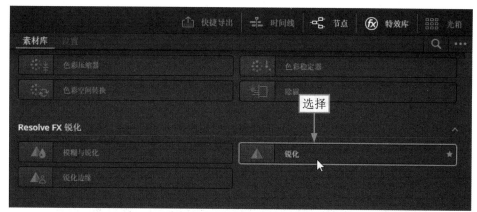

图 21-6　选择"锐化"滤镜

STEP 05 ▷▷ 将"锐化"滤镜拖曳至 02 节点上，为视频添加该滤镜。在"设置"选项卡中，设置"锐化量"参数为 2.000，如图 21-7 所示，增加画面锐化的强度。

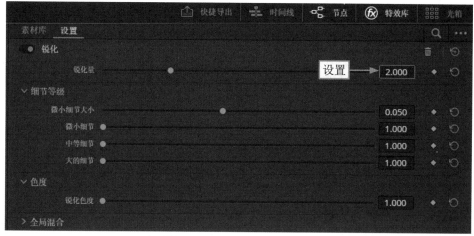

图 21-7　设置"锐化量"参数

STEP 06 ▷▷ 选择 01 节点，在"Resolve FX 修复"选项区中选择"降噪"滤镜，如图 21-8 所示。

图 21-8　选择"降噪"滤镜

STEP 07 ▶▶ 将"降噪"滤镜拖曳至 01 节点上，即可为视频添加该滤镜，如图 21-9 所示。

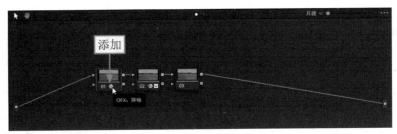

图 21-9　添加"降噪"滤镜

STEP 08 ▶▶ 在"设置"选项卡中，❶设置"时域降噪"选项区中的"运动估计类型"为"更好"；❷设置"时域阈值"选项区中的"亮度阈值"和"色度阈值"参数均为 20.0，如图 21-10 所示，对画面中亮度和色度为 20 的噪点进行时域降噪。

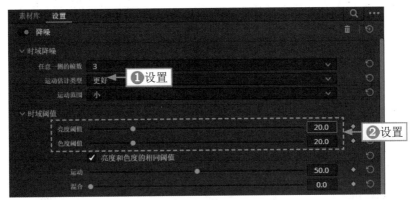

图 21-10　设置相应参数

STEP 09 ▶▶ 在预览窗口中，可以查看画面的调色效果，如图 21-11 所示。

图 21-11　查看画面的调色效果

21.2.2　适当调整人像

在为画面调出黄色色调后，人像的皮肤会显得过黄，看起来不是很健康，因此需要稍微降低人像皮肤黄色的饱和度。下面介绍在达芬奇中调整人像皮肤黄色的饱和度的操作方法。

扫码看视频

STEP 01 >>> 选择 03 节点，❶单击"限定器"按钮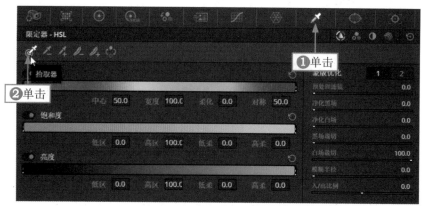；❷在展开的"限定器 -HSL"面板中单击"拾取器"按钮，如图 21-12 所示。

图 21-12 单击"拾取器"按钮

STEP 02 >>> ❶在"检视器"面板的上方单击"突出显示"按钮，以便于查看选取效果；❷在预览窗口中按住鼠标左键，拖曳光标选取人物皮肤，如图 21-13 所示。

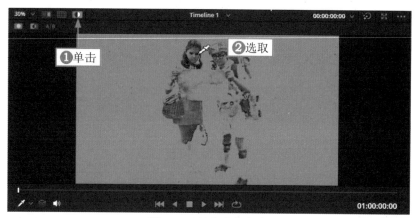

图 21-13 选取人物皮肤

STEP 03 >>> 在"曲线 - 色相 对 饱和度"面板中，❶单击面板底部的黄色色块，添加 3 个控制点；❷向下拖曳添加的第 2 个控制点，如图 21-14 所示，直至面板下方的"输入色相"参数显示为 315.23、"饱和度"参数显示为 0.67，降低人像皮肤中黄色色相的浓度。

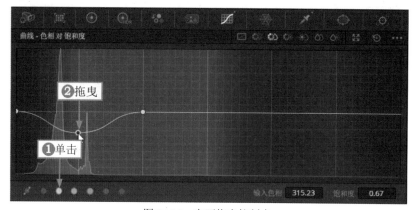

图 21-14 向下拖曳控制点

如果需要对人物的皮肤进行细微的调整，可以直接用"限定器"█在画面中进行选取，虽然有可能将其他物体一同选取，但是调整的幅度不大，因此对画面的影响比较小。

STEP 04 ⟫⟫ 在预览窗口中，可以查看调整人像后的画面效果，如图 21-15 所示，即可完成视频的调色处理。

图 21-15　查看调整人像后的画面效果

21.2.3　快捷导出素材

　　"快捷导出"按钮只在"快编""剪辑"和"调色"步骤面板中显示，单击该按钮就可以开始进行导出设置。下面介绍在达芬奇中快捷导出素材的操作方法。

扫码看视频

STEP 01 ⟫⟫ 切换至"剪辑"步骤面板，在"音频 1"轨道的起始位置单击"静音轨道"按钮█，如图 21-16 所示，将调色素材静音。

STEP 02 ⟫⟫ 在步骤面板的右上方单击"快捷导出"按钮，如图 21-17 所示。

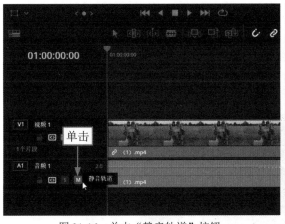

图 21-16　单击"静音轨道"按钮

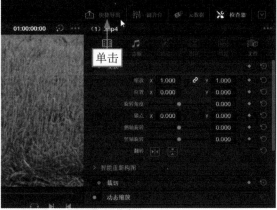

图 21-17　单击"快捷导出"按钮

STEP 03 ⟫⟫ 在弹出的"快捷导出"对话框中单击"导出"按钮，如图 21-18 所示。

图 21-18　单击"导出"按钮

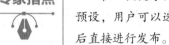

　　在"快捷导出"对话框的右侧显示了导出视频的相关信息，而左侧是视频的导出预设，用户可以选择喜欢的预设进行导出，还可以登录相关的平台账号，将视频导出后直接进行发布。

STEP 04 ▶▶ 在弹出的"选择导出路径…"对话框中，❶设置视频的保存位置；❷修改视频的名称，如图 21-19 所示。

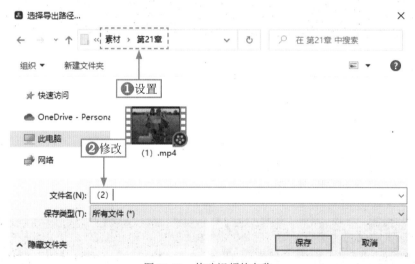

图 21-19　修改视频的名称

STEP 05 ▶▶ 单击"保存"按钮后，弹出"快捷导出"对话框，如图 21-20 所示，即可开始导出素材，并显示导出进度。

图 21-20　"快捷导出"对话框

专家指点

需要注意的是，在使用"快捷导出"功能导出视频时，不能设置视频的导出格式，因此，如果对视频的导出格式有要求，在"交付"步骤面板中进行导出更好。

STEP 06 》》 导出结束后，在"音频1"轨道的起始位置单击"静音轨道"按钮M，如图21-21所示，取消对该轨道的静音处理。

STEP 07 》》 在轨道的素材上单击鼠标右键，在弹出的快捷菜单中选择"删除所选"命令，如图21-22所示，将其删除。

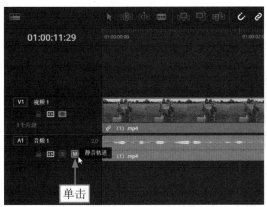
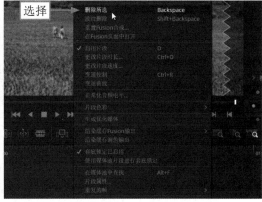

图21-21　单击"静音轨道"按钮　　　　　　图21-22　选择"删除所选"命令

STEP 08 》》 在"媒体池"面板的空白位置单击鼠标右键，在弹出的快捷菜单中选择"导入媒体"命令，如图21-23所示。

STEP 09 》》 在弹出的"导入媒体"对话框中选择调色素材，如图21-24所示，单击"打开"按钮，将其导入"媒体池"面板中。

图21-23　选择"导入媒体"命令　　　　　　图21-24　选择调色素材

21.2.4　保存项目预设

和渲染预设一样，也可以将设置的项目参数保存为预设，方便以后直接套用。下面介绍在达芬奇中保存项目预设的操作方法。

扫码看视频

STEP 01 >>> 在"剪辑"步骤面板的右下角单击"项目设置"按钮，如图 21-25 所示。

图 21-25　单击"项目设置"按钮

STEP 02 >>> 在弹出的"项目设置：第 21 章"对话框的"主设置"选项卡中，❶设置"时间线分辨率"参数为 1080×1920；❷选中"使用竖屏分辨率"复选框，如图 21-26 所示，修改视频的尺寸。

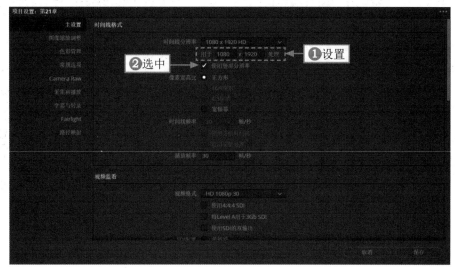

图 21-26　选中"使用竖屏分辨率"复选框

STEP 03 >>> ❶切换至"图像缩放调整"选项卡；❷在"输入缩放调整"选项区中单击"分辨率不匹配的文件"选项右侧的下拉按钮；❸在弹出的下拉列表中选择"缩放原图至适配大小且不出现裁切"选项，如图 21-27 所示，避免将横屏素材导入轨道后画面被裁切。

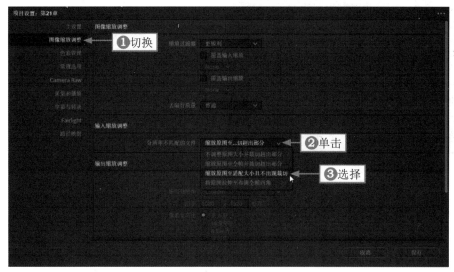

图 21-27　选择"缩放原图至适配大小且不出现裁切"选项

STEP 04 在"项目设置：第 21 章"对话框中，❶单击对话框右上角的■■按钮；❷在弹出的列表框中选择"将当前设置保存为预设"选项，如图 21-28 所示。

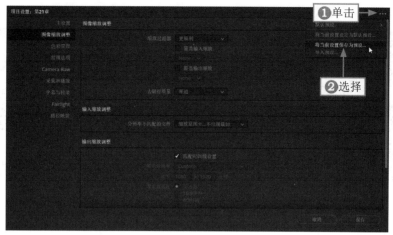

图 21-28 选择"将当前设置保存为预设"选项

STEP 05 在弹出的"预设名称"对话框中，将预设的名称设置为"第 21 章"，如图 21-29 所示，单击 OK 按钮，即可保存预设，保存的预设会显示在之前的列表框中。在"项目设置：第 21 章"对话框的右下角单击"保存"按钮，保存设置的项目参数。

图 21-29 设置预设名称

21.2.5 调整素材的位置

扫码看视频

为了让观众能一眼看出调色前后的差别，需要将原素材和调色素材在视频画面中进行上下排列。下面介绍在达芬奇中调整素材位置的操作方法。

STEP 01 将两段素材分别添加到相应轨道中，如图 21-30 所示。

STEP 02 选择原素材，在"检查器"面板的"视频"选项卡中，设置"位置"选项的 Y 参数为 1300.000，如图 21-31 所示，使原素材位于画面的上方。

图 21-30 将素材添加到轨道中

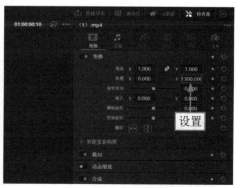

图 21-31 设置"位置"参数（1）

STEP 03 >>> 选择调色素材，在"检查器"面板的"视频"选项卡中，设置"位置"选项的 Y 参数为 -1400.000，如图 21-32 所示，使调色素材位于画面的下方。

STEP 04 >>> 在预览窗口中，可以查看两段素材在画面中的位置，如图 21-33 所示。

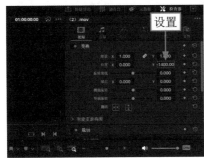
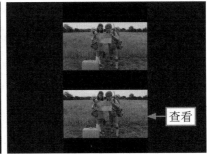

图 21-32　设置"位置"参数（2）　　　图 21-33　查看两段素材在画面中的位置

21.2.6　添加花样字幕

扫码看视频

通过复制和粘贴，可以快速添加一段已经设置好样式的字幕，节省重复设置样式的时间。下面介绍在达芬奇中添加花样字幕的操作方法。

STEP 01 >>> 在"特效库"面板的"工具箱"|"标题"选项卡中，选择一个字幕样式，如图 21-34 所示。

STEP 02 >>> 将选择的字幕样式添加到"时间线"面板的"视频 3"轨道中，为视频添加第 1 段字幕，如图 21-35 所示。

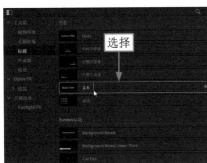
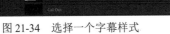

图 21-34　选择一个字幕样式　　　　　图 21-35　添加第 1 段字幕

STEP 03 >>> 调整第 1 段字幕的时长，使其与视频的时长保持一致，如图 21-36 所示。

STEP 04 >>> 在"检查器"面板的"视频"|"标题"选项卡中，❶修改字幕的内容；❷设置"字体系列"为"黑体"，如图 21-37 所示，修改文字字体。

图 21-36　调整字幕的时长　　　　图 21-37　设置"字体系列"为"黑体"

STEP 05 >>> 单击"颜色"选项右侧的色块，弹出"选择颜色"对话框，在"基本颜色"选项区中选择一种文本颜色，如图 21-38 所示，单击 OK 按钮，即可更改字幕的颜色。

STEP 06 >>> ❶切换至"设置"选项卡；❷设置"缩放"选项的 X 和 Y 参数均为 0.850、"位置"选项的 Y 参数为 820.000，如图 21-39 所示，调整字幕的位置和大小。

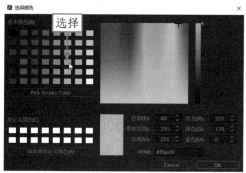

图 21-38　选择一种文本颜色

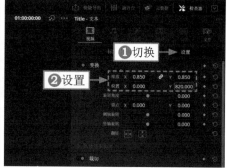

图 21-39　设置相应参数

STEP 07 >>> 将第 1 段字幕复制并粘贴一份，添加第 2 段字幕，将第 2 段字幕拖曳至"视频 4"轨道中，如图 21-40 所示。

STEP 08 >>> 在"标题"选项卡中，修改第 2 段字幕的内容，如图 21-41 所示。

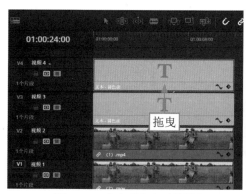

图 21-40　将字幕拖曳至轨道中

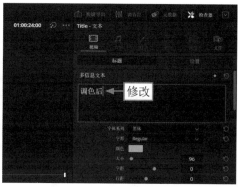

图 21-41　修改字幕内容

STEP 09 >>> ❶切换至"设置"选项卡；❷设置"位置"选项的 Y 参数为 -30.000，如图 21-42 所示，调整第 2 段字幕的位置。

STEP 10 >>> 在预览窗口中，可以查看添加字幕后的画面效果，如图 21-43 所示。

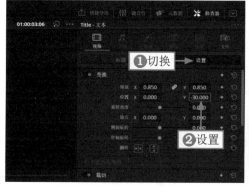

图21-42　设置"位置"参数

图21-43　查看添加字幕后的画面效果